山西财经大学中青年学者文库

产品级再使用研究

冯珍 著

中国财政经济出版社

图书在版编目（CIP）数据

产品级再使用研究 /冯珍著．—北京：中国财政经济出版社，2008.12

（山西财经大学中青年学者文库）

ISBN 978－7－5095－1192－3

Ⅰ．产…　Ⅱ．冯…　Ⅲ．产品－废物综合作用－研究　Ⅳ．X7

中国版本图书馆 CIP 数据核字（2008）第 213587 号

责任编辑：贾延平　　责任校对：张　凡

封面设计：陈　瑶　　版式设计：汤广才

中国财政经济出版社出版

URL：http：//www.cfeph.cn

E－mail：cfeph@cfeph.cn

社址：北京市海淀区阜成路甲 28 号　邮政编码：100142

发行处电话：88190406　财经书店电话：64033436

北京富生印刷厂印刷　　各地新华书店经销

880×1230 毫米　32 开　7.875 印张　200 000 字

2008 年 12 月第 1 版　2008 年 12 月北京第 1 次印刷

定价：18.00 元

ISBN 978－7－5095－1192－3/F·1006

（图书出现印装问题，本社负责调换）

本社质量投诉电话：010－88190744

总序

大学学术是作为科学策源地、文化发祥地、人才群聚区、社会智力库、知识辐射源的高等学府独具一格的宝贵财富，而大学学者的学术成果则是每一个高等学府经年累月所积淀的思想宝库。大学源于学术，学术是大学的生命力。

山西财经大学是一所学术气氛浓郁的财经类高等学府。50多年来，我校学科覆盖经、管、法、文、理、工、教等7个门类，有30余个博士学位、硕士学位授权点，有12个省级重点学科，2个省级人文社科重点研究基地。学科复合、专业交叉、资源互补、观念互渗、乘势而上……在新的发展机遇期，山西财经大学已经绘制了宏伟发展蓝图，确定了学校由教学型转向教学科研型的发展战略。由学校资助出版的中青年学者文库，是具有丰富内涵的山西财经大学中青年学者成果的立体化呈现。它不仅是对学校50多年学术文化和学术传统的历史性继承，而且也是我校在战略发展阶段所采取的重要举措。

第一，推出学术精品。通过资助出版学术精品，形成精品学术成果的园地，为繁荣国家财经、管理、政法以及人文社会科学研究，解决党和国家面临的重大经济、社会问题，作出我校应有的贡献。第二，培养学术队伍，通过对一批处在成长期的中青年学术骨干、博士的成果的资助出版，促进学术梯队建设，提高学术队伍的整体实力和水平。第三，凝炼学术特色。通过资助在学术思想、学术方法和学术观点等方面有独到和创新的学术成果，培育学术特色，努力形成有我校特色的学术思想体系。因此，本文库面向中青年，面向原创精品。

我们欣喜地看到，今天的财大学人正沐浴着财大学术精神的光芒，凝视着前行者或深或浅的脚步，敞开了我们博大的胸怀，共同拥抱山西财经大学无比美好的明天，让我们的学术精神发扬光大！

原梅生

二〇〇八年十二月

目录

Mu LU

1 绪论

1.1 基于制造业的循环经济

1.1.1 循环经济

20世纪60年代，美国经济学家鲍尔丁从经济的角度提出了循环经济思想。他将人类生活的地球比做太空中的宇宙飞船，如果人类不合理地开发自然资源，当开发程度超过了“宇宙飞船”的承载能力的时候，它就会走向毁灭。他认为，人类只有循环利用资源，才能持续发展下去。

20世纪70年代，发生了两次世界性的能源危机。经济增长和资源短缺之间矛盾凸显，引发了人们对经济增长方式的深刻反思。1972年，罗马俱乐部发表了题为《增长极限》的研究报告，向世界提出了能源极限的警告。同年，联合国发表《人类环境宣言》，提出了人类在开发利用自然的同时，也要承担维护自然的责任和义务。

20世纪80年代，人们开始探索可持续发展道路。1987

年，时任挪威首相的布伦特兰夫人在《我们共同的未来》的报告里，第一次提出了可持续发展的新理念，并较系统地阐述了可持续发展的含义。1989年，美国经济学家福罗什在《加工业的战略》一文中，首次提出工业生态学概念，即通过产业链上游的“废物或副产品”，转变为下游的“营养物”或“原料”，从而形成一个相互依存，类似于自然生态系统的“工业生态系统”。工业生态学理论为生态园建设和发展奠定了理论基础。

1982年，在巴西里约热内卢召开的联合国环境与发展大会，通过了《里约宣言》和《21世纪议程》，正式提出走可持续发展之路。大会号召全世界各国在促进经济发展的过程中，不仅要关注发展的数量和速度，更要重视发展的质量和可持续性。1996年，德国颁布了《循环经济和废物管理法》。日本也相继颁布了《促进建立循环型社会基本法》、《资源有效利用法》等一系列法律法规。目前，发达国家的循环经济已经在四个层面上展开了：一是企业内部的循环利用；二是企业间或产业间的生态工业系统；三是废物回收和再利用体系；四是社会循环体系[1-4,168]。

总之，人们在发展过程中，越来越感觉到自然资源并非取之不尽、用之不竭的，生态环境的承载能力也不是无限的。人类社会要不断前进，经济要持续发展，客观上要求转变增长方式，探索新的发展模式，减少对自然资源的消耗、对生态系统的破坏。循环经济伴随着可持续发展理论而兴起。可持续发展带来了生产方式变革，而这种变革促进了循环经济发展。循环经济提升了环境保护的高度、深度和广度，提倡将环境保护与生产技术、产品和服务的全部生命周期紧密结合，将环境保护与经济增长模式统一协调，将环境保护与生产和消费模式同步考虑。从资源的开采减量化，生产过程中的再使用到生产后的再循环，全程都要考虑经济发展与资源、环境之间的相互协调的关系。

20 世纪 90 年代以后，随着环境革命和可持续发展战略成为世界潮流，开始形成将清洁生产、资源综合利用、生态设计和可持续消费等融为一体的循环经济战略思想，并逐步成为环境与发展领域的一个主流思潮，而且得到了广泛的关注和研究。循环经济把清洁生产和废弃物的综合利用融为一体，它要求物质在经济体系内多次重复利用，进入系统的所有物质和能源在不断进行的循环过程中得到合理和持续地利用，达到生产和消费的“非物质化”，尽量减少对物质特别是自然环境的消耗；它要求经济体系排放到环境中的废物可以为环境同化，并且排放总量不超过环境的自净能力所能自净的量。循环经济实现“非物质化”的重要途径是提供功能化服务，而不仅仅是产品本身。循环经济要做到物质商品“利用”的最大化，而不是消费的最大化，并在满足人类不断增长的物质需要的同时，大幅度减少物质消耗。循环经济是一种系统性的产业变革，是从追求产品利润最大化向遵循生态可持续发展能力永续建设的根本转变。由循环经济的内涵可以归纳出三点基本评价原则：减量化、再利用、再循环（Reduce，Reuse，Recycle），即 3R 原则。减量化、再利用、再循环原则在循环经济中的重要性并不是平行的，循环经济并不是简单地通过循环利用实现废弃物再生资源化，而是强调在优先减少资源能源消耗、减少废物产生的基础上，综合运用 3R 原则。3R 原则的优先顺序是：减量化——再利用——再循环。

减量化原则是循环经济的第一原则，是指在生产和服务过程中，尽可能减少资源消耗和废弃物的产生，核心是提高资源利用效率。它要求在生产过程中通过管理技术的改进，减少进入生产和消费过程的物质和能量流量，因而也称之为减物质化。换言之，减量化原则要求在经济增长的过程中为使这种增长具有持续的和与环境相容的特性，在生产源头的输入端充分考虑节省资源、提高单位生产产品对资源的利用率、预防废物的产生，而不是生产废物后进行治理。

再利用原则是循环经济的第二个原则。它提倡尽可能多次以及尽可能多种方式地使用人们所买的东西，产品多次利用或修复、翻新或再制造后再使用，尽可能延长产品的使用周期，防止产品过早地成为垃圾。它要求产品和包装容器能够以初始形式被多次使用，而非一次性用品。通过再利用，人们可以防止物品过早地成为垃圾。

再循环原则为第三个原则。这个原则是尽可能多地再生可利用的资源或能源。再循环原则要求生产出来的物品经过消费（生产性消费或生活性消费）后，能重新变成可以利用的资源和能源而不是垃圾废物。它要求尽可能地通过对“废物”的再加工处理（再生）使其作为资源再次进入市场或生产过程，以减少垃圾的产生；要求废弃物最大限度地转化为资源，变废为宝，既可减少自然资源的消耗，又可减少污染物的排放。从目前情况看，“再循环”的途径有两种：一种是再生利用，如废铝变成再生铝，废纸变成再生纸；另一种是将废弃物作为原料，如电厂粉煤灰用于生产建材产品，城市生活垃圾用于发电等。

进入21世纪，为了使我国走上可持续发展之路，国家作出了“发展循环经济、建设节约型社会”的重大战略决策。这是科学发展观的具体体现，是中华民族实现人与自然和谐发展的根本要求。

21世纪前20年，我国钢铁、有色金属、石油石化、水泥等高耗能产品的需求将继续增加，汽车和电器大量进入家庭，加快全面建设小康社会进程，保持经济持续快速增长，资源消费的增加是难以避免的。为了减轻经济增长对资源供给的压力，必须大力发展循环经济，促进资源的高效利用和循环利用。

目前，我国对生态环境的重视程度和采取环境保护的措施及法律日益完善，但是生态环境总体恶化的趋势尚未得到根本扭转，环境污染状况还是比较严重。大量事实表明，水、大气、固体废弃物污染的大量产生，与资源利用水平密切相关，同粗放型经济增长方式存在内在关系。大力发展循环经济，推行清洁生产，可以将经济社会活动对自然资源的需求和生态环境的影响降低到最低限度，以最少的资源消耗、最小的环境代价实现经济的可持续增长。另外，发展循环经济，可以逐步使我国的出口产品符合资源、环保等方面的国际标准，减少非关税壁垒。

总之，发展循环经济有利于形成节约资源、保护环境的生产方式和消费模式，有利于提高经济增长的质量和效益，有利于建设资源节约社会，有利于促进人与自然的和谐，充分体现以人为本、全面协调可持续发展的本质要求，是实现全面建设小康社会宏伟目标，是建设节约型、环境友好型社会的必然选择。

循环经济的概念正在从不同的角度、以不同的方式向传统制造业发出挑战。

1.1.2 基于制造业的循环经济

制造业是为国民经济发展提供生产设备的战略性产业，素有工业母机之称。制造业在我国已居主导地位。

据美国能源部报告预测，全球能源消耗未来20年将增加六成；在对环境的影响方面，造成全球环境污染70%以上的排放物来自制造业，它们每年产生约55亿吨无害废物和7亿吨有害废物，自然资源和环境正陷入日益严峻的困境。

专家预测，我国从2005年起，每年将报废600多万台电脑、1300万台电视机、500万台冰箱、600万台洗衣机。家用电器从20世纪80年代中后期开始进入中国百姓家庭，所以从现在起到未来几年，中国将出现一个电子产品报废高峰期；到2010年左右，手机的报废高峰期也会到来。

世界制造业在向中国转移，装配电脑整机所需零配件，95%以上可在东莞市采购到；格兰仕微波炉的销售规模占全球市场的35%；江苏省电脑鼠标的年产量占全球总量的65%。早在1995年，全球彩电销售量的四成在我国生产，而复印机更达到六成。据统计，目前，我国电视机、冰箱、洗衣机的社会保有量分别为1亿台、1.5亿台和1.9亿台。

废旧产品形成了一个新的环境污染源，人类生存环境正面临日益增长的机电产品废弃物的压力，以及资源日益匮乏的问题。制造业虽是国民经济的支柱产业，但它创造辉煌的同时也是消耗资源、浪费资源的大户，是环境污染的主要源头。

为了贯彻国家作出的“发展循环经济，建设节约型社会”的重大战略决策，我们应以科学发展观为指导，实现建设资源节约型社会的发展目标。发展循环经济是基本原则，节约资源和能源是核心目标，在制造业中贯彻落实循环经济是最有效的手段。

中国工程院院长徐匡迪提出，在循环经济的3R原则中要增加一个“R”，即“Remanufacture（再制造）”，为4R原则，即减量化、再利用、再循环、再制造（Reduce，Reuse，Recycle，Remanufacture）。这里的再制造被称之为“绿色制造”，它赋予废旧资源更高的附加值，以尽可能少的资源和能源消耗，尽可能多地满足社会发展的需求，使废旧资源中蕴含的价值得到最大限度的开发和利用。

为了缓解资源短缺，杜绝资源浪费，减少大量失效、报废产品对人类的危害，变废为宝，使废旧产品得到最大限度的利用，“绿色再制造”工程在国际上便应运而生，并成为发展最快的一种新型研究领域和新兴产业。面临来自环境、资源、顾客、法律和税收等方面的压力和挑战，制造业实行绿色制造势在必行[5-12]。

绿色制造的概念最早由美国制造工程师学会提出。该学会1996年发表的SME蓝皮书，提出了绿色制造（Green Manufacturing）的有关定义。绿色制造是一个综合考虑环境影响和资源效率的现代制造模式，其目标是使产品从设计、制造、包装、运输、使用到报废处理的整个产品生命周期中对环境的影响（副作用）为零或极小，尽可能节约资源，并使企业经济效益和社会效益协调优化。从通俗和实践角度讲，绿色再制造是对投入使用后的产品，为保持、恢复其可用状态或加以重复利用所采取的一系列技术措施或工程活动，如修复、改装、改进或改型、回收利用等。

从以上定义可以看出，绿色制造要综合考虑制造、环境和资源这三大领域。绿色制造是现代制造业中的循环经济的发展模式，或者说是循环经济在制造业中的体现。它是一个面向产品全生命周期的大概念，要求在产品全生命周期内，实现资源优化，环境影响最小[13]。

1.1.3 产品全生命周期工程

尽管产品生命周期的概念已经存在几十年，但产品全生命周期工程则是近 20 年市场竞争和绿色制造技术演化的结果。20 世纪 80 年代后，随着自动化、信息、计算机和网络技术的广泛应用，企业制造能力和水平都有了飞速的发展，企业在追求产量的同时，也越来越重视产品环境（E）、时间（T）、质量（Q）、成本（C）、服务（S）等指标。企业迫切需要将信息技术、现代管理技术和绿色制造技术相结合，并应用于企业产品全生命周期的各个阶段，从产品需求分析、概念设计、详细设计、制造、销售、售后服务，直到产品报废回收全过程，对产品全生命周期信息、过程和资源进行管理，实现物流、信息流、价值流的集成和优化运行，以提高企业的市场应变能力和竞争能力[14-23]。

产品全生命周期工程各个阶段和要素主要是[21,23]：

1. 产品的开发与设计阶段。

它包括产品需求分析、市场要求（环境、包装、法规限制等）、用户个性化需求（颜色、外观、结构等）、产品功能、加工和装配要求、成本要求等；产品概念设计、产品功能创新、功能分解、满足功能的原理求解、设计流程标准化、产品数据标准化、方案评价等；产品详细设计、产品数据定义完整清晰、充分满足使用和加工要求、产品详细结构数据、各种新技术的运用等。

2. 产品制造阶段。

它包括制造计划、物料需求计划、资源计划、清洁生产、供应链管理、对环境的影响性、是否便于包装和运输等。

3. 产品销售使用阶段，即产品的市场寿命周期阶段。

它包括包装的规范性、运输的安全性、方便性、经济性等；成本、价格、市场区域、消费群体、分销体系、广告效应、客户关系等；售后服务、易用性、对环境的依赖性、可维护性等。

4. 产品的回收处理阶段。

产品被停用或报废后，进行回收级别判断，产品重用、零部件再制造、材料回收或废弃填埋等。

1.2 产品的回收再利用

1.2.1 背景

目前，产品的使用周期越来越短，产品在并不丧失原有的使用功能时，便被更新、更流行的产品所替代，结果最终造成了废弃物数量的不断增加。在欧洲，每年约有 80 万吨旧电视机、计算机设备、收音机、测量仪器丢进垃圾场，每年报废近 1000 万辆汽车；1996 年，全球报废约 2400 万辆汽车；1996 年，英国淘汰约 100 万台电脑；2000 年，全球淘汰约 2000 万台电脑；2004 年，仅美国就废弃约 3.15 亿台电脑。这不仅造成了严重的资源、能源浪费，而且成为固体废弃物和污染环境的主要来源[24-27]。

国内的情况也不容乐观。我国是家电生产和消费大国，目前，电冰箱保有量已达1.2亿台，洗衣机1.7亿台，电视机4亿台。20世纪80年代投入使用的电冰箱、洗衣机、电视机绝大多数已经到了报废期。未来几年，我国需要报废的家用电器数量将大幅度上升，预计今后每年需要报废的电冰箱达400万台，洗衣机约500万台，电视机为500万台以上。2002年，中国打印机保有量为：针式打印机646万台，喷墨打印机892万台，激光打印机356万台。大约消耗色带芯及框架5557万个，喷墨盒（墨水）3570万个，激光鼓粉盒组件300万个，粉盒1000万个，所产生的固体废弃物达30万立方米，重16.4万吨，可装满5000个火车皮。这些废料如填埋地下，1000年以后仍不会降解。此外，最近几年我国家用电脑的拥有量增长很快，目前已近1600万台。由于电脑更新换代很快，因此废弃电脑数量将激增[28]。

整个人类的生存环境正面临资源日益匮乏、机电产品废弃物日益增多的威胁。针对这种严峻的现实情况，世界上许多国家相继制定了有关废弃物处理的法律法规[28-32]。

1. 美国各州新出台了有关垃圾填埋场的严格规定。

比如“用后退回”的立法，使制造商不得不改变业已习惯的旧式生产方式和行为。

2. 欧洲各国在“绿色工业革命”的大旗下，通过立法把产品报废后的处置责任从消费者转移到制造商身上。

欧盟已制定《电子产品循环再生法例》，规定“由生产者负责”的原则，要求制造商对其产品在全生命周期各个阶段造成的环境影响负责，相关垃圾的回收和处理费用也由制造商承担。欧盟还通过了一项规定，要求汽车制造商回收和处理旧车。而法国政府早在数年前就颁布法律，规定只有不能再进行任何处理的垃圾，才有资格进垃圾场。荷兰的电子产品回收计划要求制造商及进口商进行废弃产品的处理和再利用。在德国、意大利、比利时、丹麦、瑞典和瑞士，类似的自发性协议也正在施行。

3. 日本政府则制定政策，要求制造商、零售商和消费者分担产品回收费用。

消费者付回收费，零售商负责收集，而制造商则保证对60%以上的废旧产品进行回收利用。日本通产省于1998年6月公布的《家用电器回收利用法》已于2001年4月正式实施，对电视机、洗衣机、电冰箱和空调强制实行回收利用。另外，日本还颁布了《环保商品购买法》、《有效利用资源促进法》、《推进建立循环型社会基本法》等七项法律。其基本精神包括资源再利用、旧产品与旧零部件再利用和减少废弃物，希望走出大量生产、大量消费、大量废弃的社会，向实现资源再利用的21世纪“循环型社会”迈进。

4. 我国在环境立法方面起步较晚，但也已开始启动。

李岚清副总理曾经两次作出批示，要求国家经贸委牵头，认真研究促进建立我国废旧物资回收利用体系的政策和措施。目前，我国正在组织修订《资源综合利用目录》，制定《再生资源回收利用法》和《废旧家电、废旧电脑管理办法》。

1.2.2 产品的回收再利用

随着废旧产品的日益增多和政府法规的日趋完善，产品的回收再利用成为产品全生命周期工程的一个重要阶段，产品的回收工程支持制造业的可持续发展理论，从环境保护以及资源的再生利用等角度出发，要求企业对产品的回收进行监督和管理。

废旧产品作为一种丰富的资源，通过高效、高价值再利用，会极大地延缓自然资源的消耗速度，减少环境污染，有助于社会、经济的可持续发展。回收价值不仅体现在其本身的回收收益上，而且还体现在节约资源和能源的潜在收益上。重新使用零部件和材料可降低成本，如镓、锗、硅等电子材料生产成本很高，循环利用这些材料具有很好的经济效益。现在人们已经提出了从印刷电路板（PCB）元器件中提炼上述元素的多种工业方法。

根据废旧产品的使用状况和特点，回收过程可以在不同层次上进行，按其优先级别可依次排序为再使用、再制造、材料回收和处理处置[32]，废旧产品的循环利用模型如图 1－1 所示。

1. 产品级的再使用。

产品级再使用分为直接再使用和维护后再使用。

2. 零部件级再使用和再制造。

产品拆卸后，零部件可再直接重用或移用于产品的维修，实现零部件的循环使用。它要求不同的产品之间实行标准化设计，可通过送往维修处直接使用，也可对零部件采用高新表面工程技术和其他加工技术进行翻新，使其尺寸、形状和性能等得以恢复，形成再制造产品。

3. 材料回收。

材料回收是产品的材料、零部件回炉熔炼的材料可作为生产用的原材料循环再利用，处理的能量可回收。

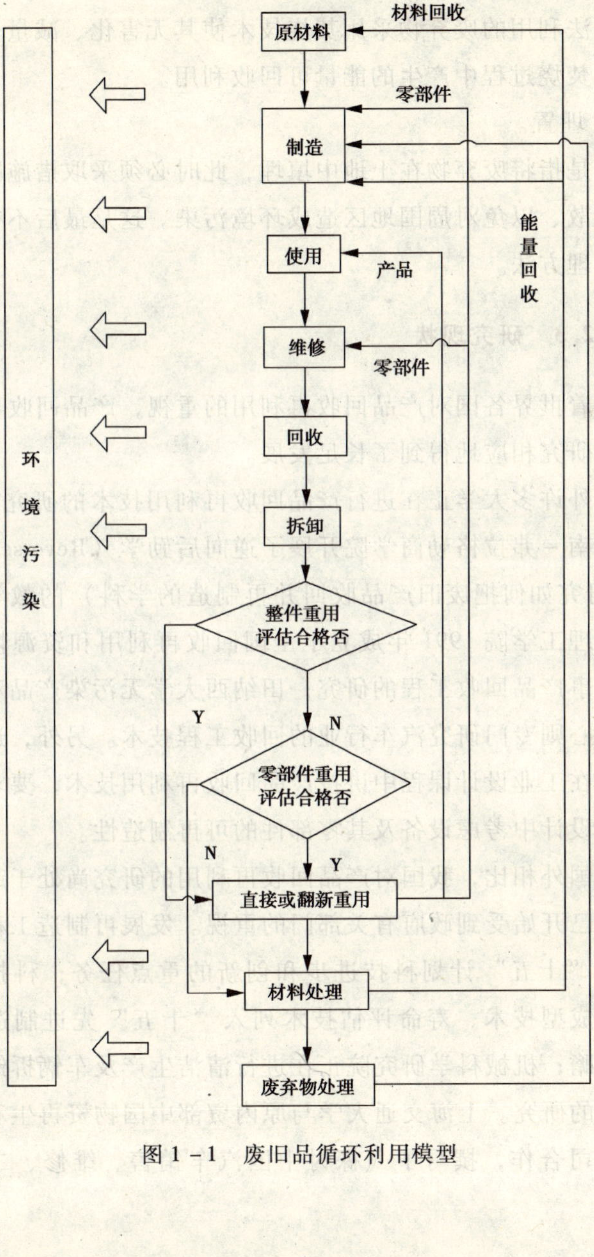

图 1－1　废旧品循环利用模型

4. 能量回收。

无法利用的废弃物采用焚烧技术使其无害化、减量化和固态化，焚烧过程中产生的能量可回收利用。

5. 埋置。

这是指将废弃物在土地中填埋，此时必须采取措施防止渗漏、扩散、以免对周围地区造成环境污染。这是最后不得已采用的处理方法。

1.2.3 研究现状

随着世界各国对产品回收再利用的重视，产品回收再利用的理论研究相应地得到了长足发展。

国外许多大学正在进行产品回收再利用技术的研究[28, 29]。美国凯南－弗拉格勒商学院开展了逆向后勤学（Reverse Logistics，研究如何把废旧产品收回并再制造的学科）的教学；罗彻斯特理工学院1991年成立了全国回收再利用和资源恢复中心，从事产品回收工程的研究；田纳西大学无污染产品和技术研究中心则专门研究汽车行业的回收工程技术。另外，还有许多学校在工业设计课程中讲授产品回收再利用技术，要求在工业产品设计中考虑设备及其零部件的可再制造性。

与国外相比，我国对产品回收再利用的研究尚处于起步阶段，但已开始受到政府有关部门的重视。发展再制造工程被国家列为“十五”计划科技进步和创新的重点任务；科技部把再制造成型技术、寿命评估技术列入“十五”先进制造技术发展前瞻；机械科学研究院正在进行清洁生产及车辆拆卸和回收技术的研究。上海交通大学与原内贸部中国物资再生利用华东分公司合作，撰写了《探讨中国汽车销售、维修、二手车交易及回收利用一条龙管理模式的可行性报告》；与福特公司和通用公司合作研究轿车的回收再制造问题；与法国柏林工业大学IWF研究所合作，在废弃工业品回收方面展开了研究工作。合肥工业大学开展了机械产品可回收设计理论和关键技术及回收指标评价体系的研究；清华大学也加大了对绿色工程技术领域研究的支持力度，并已经和美国Texas Tech University先进制造实验室建立了关于绿色设计技术研究的国际合作关系[28, 34]。

具体地说，近年来对产品回收再利用的研究主要集中于以下几个方面：

1. 产品设计[33-45]。

产品设计主要包括面向拆卸的设计，研究拆卸结构模块划分和接口技术、拆卸深度的研究、拆卸顺序优化及其与经济效益最大化的关系分析、拆卸的经济性和环境后果分析、面向拆卸设计的软件开发和拆卸设计与装配设计的兼容性分析等；再制造设计的基本准则以及实际案例，目的是帮助设计者在实现装配、回收和质量、性能等传统设计目标的同时，设计出更加适于再制造的产品；产品设计方案的可再制造性评估；再制造设计进行费用/效益分析。

2. 拆卸方案、回收工艺路径和优化系统[46-71]。

这些主要研究废旧产品回收后的拆卸方案、回收级别判断、回收工艺路径和优化系统及其相关软件开发等。

3. 零部件级的再使用和再制造工程[72-97]。

它主要包括再制造质量控制管理、生产计划和库存控制、再制造技术、再制造环境分析、成本分析、市场策略、综合评价和相关软件开发等。

4. 材料回收和废物处理的技术的研究[98-100]。

1.3 产品级再使用

1.3.1 课题的提出和研究意义

由上节产品回收再利用的研究现状可知，当前国内外的研究主要集中于面向拆卸和再制造的设计、回收级别判断和拆卸回收工艺以及零部件级的再使用和再制造。产品级再使用仅在研究回收级别的文献中提到[46,47,50,54,56,70,71,105]，只有少量文献报道和研究了具体的二手产品的重用技术或二手市场交易、定价、质量等管理方法[101-104]。据我们了解，从共性和理论的方面对产品级再使用研究的很少。

其实，面向拆卸回收的设计和传统产品面向制造的设计、面向装配的设计有时是相抵触的，要想真正实现优化设计比较困难。另外，这些可拆卸的零部件用于装配成新产品实现的成本高，投入市场消费者不一定能接受，所以，虽然理论上研究较热，但真正实践需要一定的过程和时间。而且，这些产品的回收再利用的理念和技术适合于产品报废之后，也就是产品的经济失效、安全失效、功能失效后。

目前，产品在并不丧失原有的使用功能，未达到设计的寿命周期时便被更新、更流行的产品所替代。这样，使产品的使用周期越来越短，产品其实并没有真正的报废，便被停止使用了，所以对产品级再使用的研究非常重要和必要，主要原因如下：

1. 产品级再使用延长了产品在市场中的寿命周期，增加了产品的使用价值，存在节约资源和能源的潜在好处，直接重用或维修后重用产品是一种最经济的回收方式[105]。

2. 减少了废弃物对环境的污染，原有成分保留得越多，则对环境的影响越小，同时节约了拆卸成本和再制造成本，产品级再使用是产品回收的第一优先级[56]。

3. 经典产品的设计和面向升级换代的设计给产品的再使用提供了可能性，合理延长产品的使用寿命是增加产品绿色性的关键环节。

例如，西安电子科技大学徐国华教授和中科院国家天文台施浒立研究员创造性地提出了软件机械的概念。他们可以用软件完整而形象地描述机械，特别是正确地反映其内在特性，用软件代替或实现机械的部分功能或全部功能，用软件拓展机械的功能，用软件使机械智能化等，可随时对软件部分进行升级换代，为产品重用提供了技术保证[106, 107]。

4. 产品级再使用的实践一直未间断。

在中国，手机、冰箱、汽车、电脑等耐用品的二手市场很活跃，但有的消费者对二手产品质量等不了解，因此放弃了诱人的低价，去购买新产品。当然，有的经营商也不负责任，有些旧物品的继续使用会给使用者和环境造成危害，但经营商却仍在销售。所以，我们有必要对旧物品的环境性能和安全性能等作出科学定量的评估，指导经销者和消费者。国外的做法也是如此。

因此，我们必须对产品级再使用作出理论研究，这是适合中国国情的课题，可用于指导管理者、经营者和消费者的实践。产品级再使用的研究是产品全生命周期工程的一个重要课题，也是可持续发展理论不可缺少的一部分。

1.3.2 关键技术

关于产品级再使用研究的关键技术主要有：

1. 从经济效益、环境影响和技术性对停用的产品进行回收级别判断，判断产品是否可再使用。

2. 产品被停止使用后，如何寻求新的市场，投入合理的再使用。

3. 停用后的产品经专家进行回收级别判断后可再使用，其多数产品特性指标值有所降低。

为提高用户对产品重用的满意度，多数情况下，需要对旧产品进行维护后再投入使用。如何根据再使用用户需求、产品的当前技术状态和维修技术确定产品级再使用维护方案，并对维护方案进行评价是很关键的。

4. 如何进行使用满意度分析，帮助顾客在新产品和旧产品之间作出决策。

5. 产品级再使用实例的组织和检索。

1.4 研究内容、方法和目的

研究的对象是制造领域中产品级再使用问题，在研究产品全生命周期工程的基础上，本书主要研究了产品级再使用概念模型、基于质量功能配置的维护设计、产品级再使用满意度分析以及产品级再使用实例检索等关键技术。研究方法主要采用了系统工程、价值工程、质量功能配置、模糊数学和数值分析等。

产品级再使用是可持续发展必然涉及的问题，这属于目前国际制造研究领域的前沿课题，也是我国当前制造研究领域的前沿课题。该制造模式的研究将为相关的制造技术提供理论指导依据，具有较大的社会效益和较好的应用前景。本书提出了一套较系统的产品级再使用维护设计方案，对质量功能配置的理论研究取得了新的突破，并对产品级再使用的其他关键技术进行了一定研究。

本书框架如图 1－2 所示。

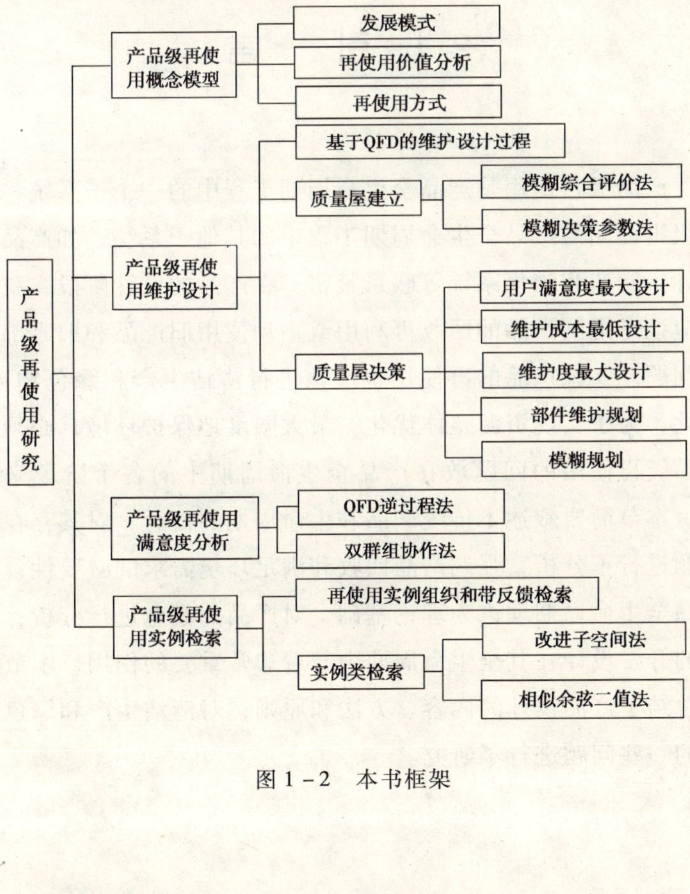

图 1－2 本书框架

2 产品全生命周期工程

2.1 引　言

产品级再使用是产品全生命周期工程中的一个子系统，产品级再使用与产品全生命周期工程中的其他子系统，如产品的设计、制造和销售系统等联系紧密。在产品的设计阶段，我们就应该考虑到产品的回收再利用或主动使用旧产品和旧零部件的问题。实施产品的再使用也应该进行清洁生产和绿色物流。因此，为了实现资源整体优化，最大限度地保护环境，必须把产品级再使用的问题放在产品全生命周期中的各个阶段来考虑。本节简要叙述了传统产品和生命周期的概念，对其存在的问题进行了分析，强调产品回收和满足环境需求的必要性；以产品全生命周期理论为理论基础，对产品的概念进行分析；产品的开发设计在其全生命周期中起着非常重要的作用，本节分析总结了产品设计的内容、方法和原则；对清洁生产和绿色物流的一些问题进行了研究。

2.2 产品概念的演变

2.2.1 传统产品和产品生命周期的概念

什么是产品？直到目前为止，在大多数人的观念中，产品是物质形态的商品，是把原材料经过加工制造成为市场需要的货品。生产厂家和用户主要关心的是产品的交货期（T）、质量（Q）、成本（C）、服务（S）。产品生命周期是指从市场分析、产品开发设计、工艺规划、加工制造、装配调试、包装运输、产品销售、顾客服务到产品报废为止的过程。

在产品的开发和创新过程中主要考虑的是顾客的需要，在产品的设计过程中主要考虑的是产品的使用功能和可生产性，在产品的生产过程中主要考虑的是生产效率以及产品的质量、成本和交货期，在产品的包装过程中主要考虑的是美观，可以吸引顾客，在产品的销售过程中主要考虑的是产品的服务。企业与顾客的关系随着产品的交易和有限的担保而宣告结束。

2.2.2 产品的设计和回收价值在传统产品中的比例

在工业经济时代的大量生产方式中，产品相对单一，企业利润来自加工制造、装配和市场销售。因此，人们把注意力集中在物质转化和资源消耗过程上，对以知识形态为主的产品设计和产品服务，以及实行资源再利用的报废产品循环再造和产品在生命周期过程中的环境影响考虑得不够。在这种情况下，加工、装配过程在价值链中占显著的地位，产品设计、服务和回收再利用的价值比例则较低，如图 2－1 所示。

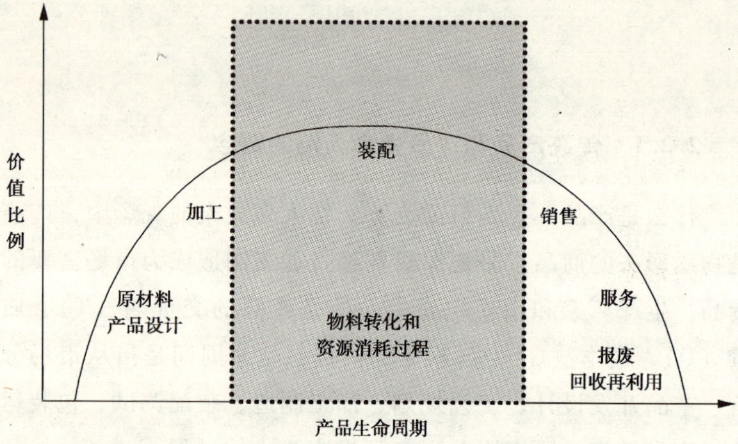

图 2－1　传统的产品生命周期组成和价值比例

2.2.3　存在的问题

随着时间的推移，在资源经济时代大量生产方式中形成的这种产品和生命周期概念暴露出三个问题：

1. 制造商生产和销售产品追求最大利润，这与他们对社会和经济的可持续发展应负的责任往往是矛盾的。

制造业在 21 世纪无疑不能照原来的样子继续下去，必须加以限制。例如，一次性筷子是附加价值低而又大量消耗森林资源的产品，是得不偿失的产业，从社会和经济可持续发展的角度，应该加以取缔。但如果制造商能够回收使用过的筷子循环再造成为纸浆，就可能成为新的木材综合利用产业的一部分。

2. 知识在产品整个生命周期中的重要作用怎样体现？知识资源和物质资源的关系如何？知识的价值又如何量化？

例如，生产一次性筷子的技术和设备很简单，知识含量很少，但是将使用过的筷子变为纸浆，其工艺和设备就需要更复杂的知识和技术，并且它的价值还不仅仅体现在筷子和纸浆的价格上，除了经济效益还有社会效益。

3. 产品在其生命周期过程中只考虑顾客的满意度，而没有考虑环境和社会的影响和满意度。

如今产品生命周期日趋缩短，造成废弃的废旧工业产品数量猛增。如果产品生命周期只考虑到报废为止，那么废弃物造成的环境污染和新产品的资源再耗费问题怎么解决呢?

2.2.4　产品概念的演变

随着科学技术的进步，产品越来越复杂，品种越来越多，产品更新换代日益加速，生命周期不断缩短，于是，产品的概念发生了根本的变化。产品不仅是物质形态的，还是知识形态的。大多数产品实质上已经同时包括物质和知识两种形态。产品的生产不仅是对物料的加工，还有知识的融入。产品不仅是市场上销售的货品，而且是解决问题的方案。此外，从环境保护、资源利用和可持续发展的角度考虑，产品的报废、回收和循环再造也是产品生命周期应该包括的重要内涵。

产品全生命周期包括产品从经营战略、市场分析、设计、制造、装配、包装、运输、投入市场、用户使用、产品报废、回收处理以及再生利用等整个产品多生命周期所经历的全部时间。产品全生命周期不仅包括本代产品生命周期的全部时间，而且包括本代产品报废或停止使用后，产品或其有关零部件在多代产品中的循环使用时间。因此，产品的全生命周期是指从市场分析、产品概念形成、具体设计、加工等，到构成产品的最后一个零件、部件报废或停止使用的总周期。

产品是指在其全生命周期中通过采用先进的技术，能经济地满足用户功能、使用性能和交货期的要求，同时满足环境和社会的要求的产品。

从产品的定义可以看出，产品由三个基本要素组成，即：

1. 产品的技术先进性。

技术先进性是产品设计和生产的前提。产品强调在其全生命周期中采用先进的技术，从技术上保证安全、可靠、经济地实现产品的各项功能、性能和交货期的要求，保证产品生命周期全过程具有很好的绿色特性。

2. 产品的绿色性。

产品的绿色特性包括节省资源和能源、减少和消除对环境的污染，对人类特别指劳动者（生产者和使用者）具有良好保护这三个方面的内容。它是通过在产品全生命周期的各个阶段中采取各种绿色措施，并实行严格的管理来控制的。产品的绿色性可以用产品的绿色度来衡量。

3. 产品的经济性。

经济性对产品是必不可少的因素之一。一个产品若不具有用户可接受的价格，就不能走向市场。从生命周期的角度来看，产品成本应包括企业成本、用户成本和社会成本，即生命周期成本。

以上三个要素相互联系、相互制约、共同形成产品。图2-2用一个三维坐标体系来表示产品及其三要素之间的关系。从图2-2可看出，产品在只强调产品技术性和经济性的传统产品的基础上有了新的进展，提出了产品的绿色性能。总之，只有在产品全生命周期中将技术先进性、绿色性以及经济性融和为一个整体，才能获得真正的产品。

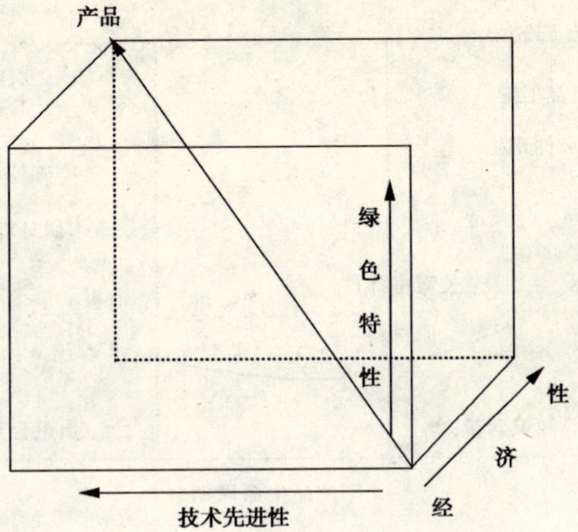

图 2－2 产品的三维坐标体系

2.2.5 传统产品和现代产品的区别

产品在其全生命周期各个阶段价值比例发生了根本的变化，产品增值链的重点向加工和装配的上游和下游移动，整个曲线从中凸形变成中凹形，如图 2－3 所示。例如，波音 777 飞机的材料、加工和装配的成本大约是销售价格的 20%，而设计、销售、服务和培训的费用高达销售价格的 80%左右。

综合前面分析，对传统产品和现代产品区别分析见表 2－1。

表 2－1 传统产品和现代产品的区别

传统产品	现代产品
一个包括物质产品和服务的“解”	一个包括物质产品、服务和回收再利用的综合“解”
满足顾客当前的要求	满足顾客当前和将来的需求
一次性交易和有限担保	产品全生命周期的交易和终身担保
顾客满意	顾客、环境、社会各方面满意

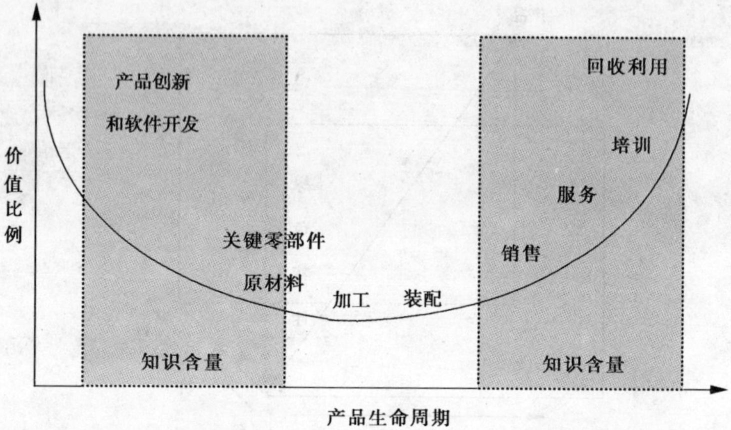

图 2－3　产品生命周期的价值比例

例如，未来的汽车公司出售的轿车应该是高性能、低能耗、少污染或无污染的绿色汽车。此外，汽车公司还应该从优化社会资源的角度提供驾驶培训、安全保险、定期维修、终身保养以及报废回收的系列服务，按照顾客购买的目的（代步、舒适或身份象征）交付符合顾客个性和爱好的轿车，并在其全生命周期内满足环境和社会的要求。

2.2.6　制造企业经营战略分析

按照传统经济学的概念，企业的经营战略是在企业自身和竞争对手共同面向顾客时，形成自身的竞争优势。这一竞争优势主要是通过以产品的质量、功能和服务为中心的产品设计、制造、营销策略来实现的（如图 2－4 所示），即通常用产品交货期（T）、质量（Q）、成本（C）、服务（S）等具体产品特性来体现。

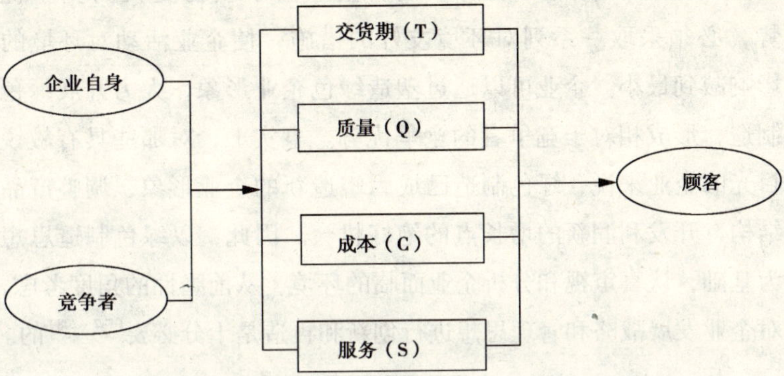

图 2-4 传统的企业竞争力要素分析

这种传统的经营战略的主要考虑因素是根据企业与其经济环境的关系来确定的，但都忽视了企业与生态环境之间的关系。它以赢得顾客、获取利润为最终目的，淡化了其经济的外部负效应——企业活动对环境的破坏。随着企业外部环境的变化和人们对环保意识的不断加强，绿色制造的核心就是要改变不可持续的生产方式和浪费型的消费模式，建立新的有利于环境保护的资源节约型生产方式和消费模式。这一思想正在被政府和社会各界接受，并已经形成一股不可逆转的社会压力正在强有力地影响和改变着市场方向。随着人们对产品的认同，产品的环境指标、环境标志、生命周期等已成为企业和产品竞争力的重要因素。在生产经营者、商品消费者心目中已经开始形成环境质量概念，环境质量已经变成企业新利润的一个来源。因此，新的竞争优势不仅来自交货期、质量、成本和服务，而且体现在生态环境保护、人类保护、节约资源等一系列绿色制造方面。改进后的竞争因素分析可以用图 2-5 描述。这种绿色制造战略不仅考虑企业自身、竞争者和顾客三个因素，还要考虑到企业活动对环境的影响。企业为了获得更大的竞争优势，必须采取一系列对环境友好的措施，使企业活动对环境的影响减到最小。企业可以通过塑造绿色企业形象，大力开展绿色制造，形成相对于竞争者的竞争优势。事实上，对那些具有敏锐目光的企业来说，绿色制造已成为塑造新的企业形象，调整产品结构，开发利润新的增长点的绝好机会。因此，以绿色制造思想为基础，认真审视和分析企业面临的环境，从前瞻性的角度考虑，对企业发展战略和管理思想进行创新和再造是十分必要[187-208]的。

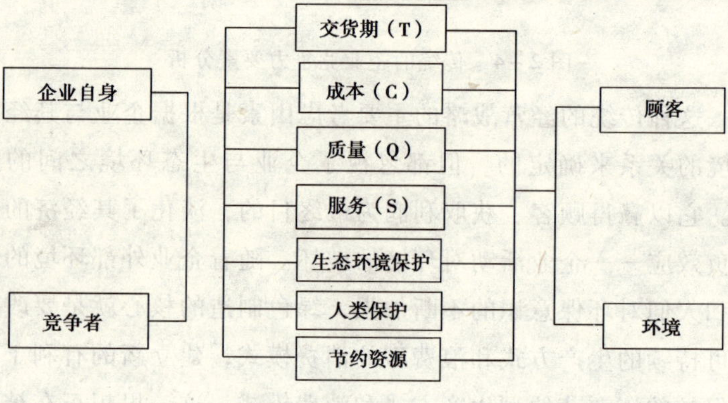

图 2-5　考虑到绿色制造因素的企业竞争力分析

2.3　产品全生命周期矩阵模型

为了便于对产品全生命周期各个阶段及综合产品的绿色特性、技术先进性和经济性进行制造策略分析和评价，我们构建了一个产品全生命周期矩阵模型，如图 2-6 所示。其横轴反映的是产品全生命周期各个阶段，纵轴则作为影响产品绿色特性、技术先进性和经济性因素的分析和评价指标。矩阵内的每一项反映了产品某个阶段的某个因素分析和评价指标。

该矩阵模型有四个特点：

1. 可随意按产品生命周期某个阶段或组合阶段和产品三个特性影响某个因子或组合因子组成一个分析评价子矩阵，例如“生产—资源”子矩阵，如图 2 – 7 所示。

2. 行向量和为：

$$h_i = \sum_{j=1}^{l} g_{ij} \qquad (2-1)$$

h_i 表示第 i 个因子在所研究的产品生命周期阶段的综合指标，这里称作单类综合指标。如果第 i 个因子在第 j 个阶段没有影响，则 $g_{ij}=0$。l 为所研究的生命周期阶段个数，若研究的是全生命周期各个阶段（总数为 n），则 $l=n$。

3. 单类综合指标 h_i 的标准化处理值 v_i。

通常指标有：“效益型”指标，是指属性值越大越好的指标；“成本型”指标，是指属性值越小越好的指标；“固定型”指标，是指属性值以某一个固定值为最好的指标；“区域型”指标，是指属性值以落在某一区域内为最佳的指标。而且，一般来说，不同的评价指标使用的量纲和单位是不一致的。

因此，为了保证评价指标的可比性、评价的公正性，应对评价指标进行标准化处理。本书采用模糊理论或者公理化设计对评价指标进行标准化处理。

4. 列向量加权和为：

$$S_j = \sum_{i=1}^{k} \omega_i v_i \qquad (2-2)$$

ω_i 为第 i 个因子的权重，$\sum_{i=1}^{m} \omega_i = 1$。

S_j 表示第 j 个阶段所研究的组合因子的影响加权指数，本书称作阶段加权指数。k 为所研究因子的个数，如果对所有因子 m 研究，则 $k = m$。

这里采用层次分析法确定 ω_i。

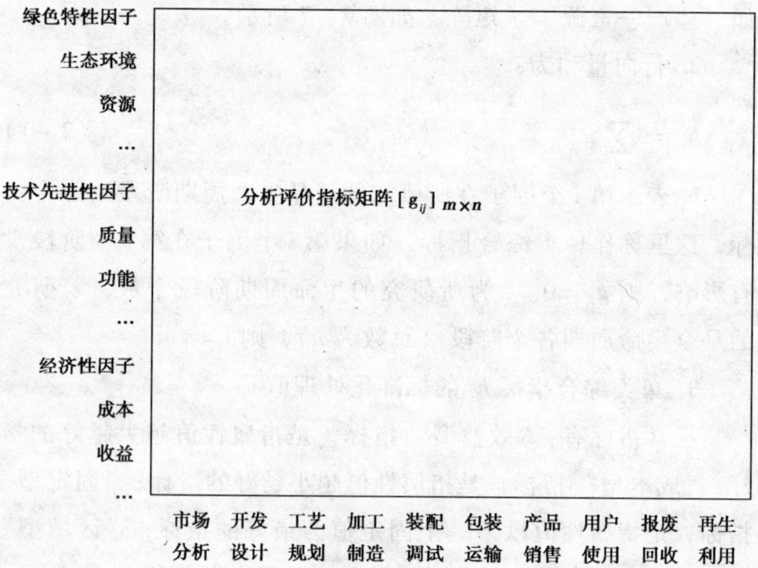

图 2-6　产品全生命周期矩阵模型

本章主要应用层次分析法（AHP）[184-186]，对产品全生命周期工程中的开发设计阶段、生产和物流阶段进行了研究。层次分析法是由美国运筹学家 T. L. 沙旦于 20 世纪 70 年代提出的，是一种解决多目标的复杂问题的定性与定量相结合的决策分析方法。层次分析法用决策者的经验判断各衡量目标能否实现标准之间的相对重要程度，并合理地给出每个决策方案的每

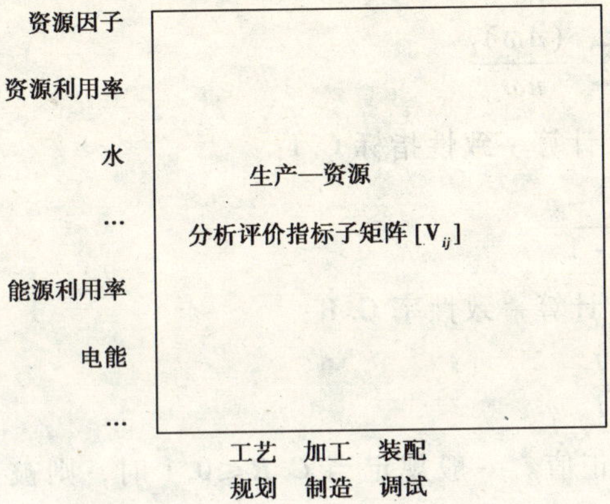

图 2－7　“生产—资源”分析评价子矩阵模型

个标准的权重，利用权重求出各方案的优劣次序。

1. 层次结构图。

根据问题画出层次结构图，分为三个层次：目标层、标准层和方案层。

2. 标度及判断矩阵。

相对重要性标度（α_{ij}）：1—9，倒数。

判断矩阵：由标度 α_{ij} 为元素构成的两两比较矩阵。

3. 求各层因素相对权重的过程。

本书用规范列平均法：

第一步，先求出判断矩阵每一列的总和。

第二步，把判断矩阵的每一元素除以其相应列的总和，所得商组成的新的矩阵称之为标准判断矩阵。

第三步，计算判断矩阵的每一行的平均值，这些平均值为所求特征向量的近似值，也就是各层因素的相对权重。

4. 判断矩阵一致性检验。

第一步，计算判断矩阵的最大特征值：

$$\lambda_{\max} = \sum_{i=1}^{n} \frac{(A\bar{\omega})_i}{n\omega_i} \tag{2-3}$$

第二步，计算一致性指标 C. I：

$$C.I = \frac{\lambda_{\max} - n}{n-1} \tag{2-4}$$

第三步，计算一致性率 C. R：

$$C.R = \frac{C.I}{R.I} \tag{2-5}$$

$R.I$ 为修正值。一般规定当 $C.R \leqslant 0.1$ 时，则被认为判断矩阵的一致性可以接受；否则，就认为判断矩阵一致性太差，必须重新进行两两比较判断。

5. 计算组合权重。

利用组合权重求出各方案的优劣次序。

2.4 产品的开发和设计

2.4.1 产品开发设计的重要性

新产品开发，是企业确保市场优势、维持企业生存及成长的重要机能。特别是面对产品更新换代加快，某些产品的市场寿命已经比新产品开发周期更短的环境，不断地推出适销对路的新产品，是企业能够在市场竞争中取胜的基础。毫无疑问，没有拳头产品，不能保持连续不断地推出新产品，企业就丧失了生存的基本条件。目前，产品的比例大约为5%—10%，由于产品除了具有传统产品的技术先进性和经济性，还具有与人和环境友好的绿色特性。可以预计，再过10年，所有的产品都将进入绿色系列。就是说，在未来10年内，产品的开发和设计将成为制造业行为的规范。

实际上，开发设计阶段对产品全生命周期有着巨大的影响。譬如，美国波音公司曾研究过一般产品全生命周期费用（Life Cycle Cost，缩写为LCC）的分布情况。波音公司发现，产品开发的早期概念阶段将决定LCC的绝大部分费用（85%），但该阶段所占LCC的实际费用却最低（7%）。也就是说，产品的早期设计将起决定性的作用，而在这个阶段所做的修改所冒的风险最小。布思罗伊德（Boothroyd）（1988）引用福特汽车公司的报告指出，尽管产品设计只占产品整个成本的5%，但70%的成本是由设计影响的。狄克逊（Dixon）和达菲（Duffey）（1988）认为，产品所有质量问题中有40%归结于不良的设计。徐（Suh）（1990）则认为，制造生产率的70%—80%是在设计阶段决定的。盖特贝（Gatenby）和孚（Foo）（1990）估算得出，产品全生命周期的80%—90%是在设计阶段决定的。

同理，全生命周期的生态环境属性、资源属性、劳保属性等绿色特性大部分是由产品开发设计决定的。因此，产品开发和设计阶段在其全生命周期占有很重要的地位，我们必须重视产品开发和设计阶段的分析、管理和评价。

产品设计是一个将人的某种目的或需要转变为一个具体的物理形式或工具的过程。传统的产品设计理论与方法是以人为中心，以满足人的需求和解决问题为出发点，而无视后续的产品生产及使用过程中的资源和能源的消耗，以及对生态环境的影响。全生命周期设计就是针对传统设计的这种不足而提出的一种全新的设计理念。因为它是将防止污染、保护资源的战略集成到生态学和经济性都能承受得起的产品开发中的主动方法，所以，从它诞生之日起就受到学术界和工业界的普通认同，并且愈来愈受到重视。

全生命周期设计，通常也称生态设计（Ecological Design，缩写为 ED）、环境设计（Design For Environment，缩写为DFE）或环境意识设计（Environmental Conscious Design，缩写为 ECD）。因为这些方法的目标基本相同，都是设计生命周期环境影响最小的产品，所以经常被互换作用。

全生命周期设计面向产品全生命周期，是从摇篮到再现的过程，也就是说，要从根本上防止环境污染，节约资源和能源，关键在于设计与制造，不能等产品产生了不良的环境后果再采取防治措施（现行末端处理方法即是如此），这就是全生命周期设计的基本思想。概括起来，全生命周期设计是这样一种设计，即在产品全生命周期内，将产品的技术先进性、经济性和绿色特性有机地集成为一个设计目标，在技术先进性的保证下，经济地保证实现产品的功能、使用寿命、质量和绿色度等。

全生命周期设计源于传统设计，但又高于传统设计，它包含产品从概念设计到生产制造、使用乃至废弃后的回收、重用及处理、处置的生命周期全过程，是从可持续发展高度审视产品的整个生命周期，强调在产品开发阶段按照全生命周期的观点进行系统性地分析与评价，消除潜在的、对环境的负面影响，将“4R”（Reduce，Reuse，Reclaim，Recycling）直接引入产品开发阶段，即使设计时考虑得非常全面，但由于所处时代技术水平的限制，在有些环节或多或少还会产生非绿色的现象，如某些材料目前尚无理想的替代品，在制造工艺过程中还无法完全取代切削液等，但通过全生命周期设计可以将产品非绿色现象降低到最低程度[209-218]。

全生命周期设计的主要特点包括以下几个方面：

1. 拓展了产品生命周期。

传统产品生命周期包括从“产品制造到投入使用”的各个阶段，即“从摇篮到坟墓”的过程；而全生命周期设计将产品的生命周期延伸到了“产品使用结束后的回收重用及处理、处置”，即“从摇篮到再现”的过程。这种拓展了的生命周期便于在设计过程中从总体的角度理解和掌握与产品有关的环境问题及原材料的循环管理、重复利用、废弃物的管理和堆放等，便于全生命周期设计的整体优化。

2. 全生命周期设计有利于保护环境，维护生态系统平衡。

设计过程中分析和考虑产品绿色特性是全生命周期设计区别于传统设计的主要特征之一，因而，全生命周期设计可从源头上减少废弃物的产生。

3. 在产品全生命周期矩阵模型中，产品开发设计具有双矩阵特点。

双矩阵是指开发设计子矩阵和产品全生命周期矩阵。也就是说，产品开发设计不仅要考虑到开发设计阶段本身的技术先进性、经济性、绿色特性，更重要的是要在产品开发设计时综合分析生产阶段、物流阶段、使用阶段、回收再利用阶段的产品三个特性，并且在产品投入生产前对其进行全生命周期评估。

2.4.2 产品开发模式——并行工程

在产品开发过程中应尽早考虑到它后续阶段的所有因素

（如知识含量、可生产性、宜人性和绿色度等）以避免到了后期阶段由于修改方案造成设计生产制造过程的反复和资源浪费，同时，也能减少修改循环而缩短产品开发周期，使新产品能迅速投放并占领市场。并行工程就是实现产品开发整体优化的一种先进的产品开发模式。

并行工程是对产品设计及其相关过程（包括制造过程和支持过程）进行并行、一体化设计的一种系统化的工作模式。这种工作模式力图使开发者从一开始就考虑到产品全生命周期中的所有因素，包括质量、成本、进度、用户需求、环境需求。它不仅强调新产品研究开发和生产准备、制造、装配过程的集成，还涉及销售、供应、维修、使用后产品的升级换代、用户服务、零部件供应、同行间的竞争与联合，以及产品的报废回收和再利用。它把产品开发纳入社会系统、“生产—营销”网络和市场竞争环境加以考虑，产品开发设计者不仅要尽全力去实现企业目标，还要考虑用户和环境的满意度。并行工程是组织跨部门、多学科的开发小组，在一起并行协同地工作，对产品设计、工艺、过程等各个方面同时考虑并设计，及时地交流信息，使各种问题尽早地暴露并共同加以解决，这样就使得产品开发时间大大缩短，同时质量、成本和绿色度都得到改善。

1. 并行工程的主要支撑技术。

（1）计算机辅助技术和产品全生命周期数据管理。计算机辅助技术主要包括计算机辅助设计（CAD）、计算机辅助制造（CAM）、计算机辅助工艺规划（CAPP）、计算机辅助工程（CAE）等。产品全生命周期数据管理是指管理、集成和共享产品全生命周期各个阶段的数据和信息。

（2）产品和过程的仿真技术。仿真是指在计算机上虚拟地“制造”产品或试验产品的性能，以数据原形取代实物原形，以数据制造取代样机试制。

(3) 虚拟现实技术。在虚拟现实环境的三维空间中观察、分析、试验和制造产品，进一步提高产品数字原型和数字制造的可视化程度和真实感。使得用户从屏幕外观察仿真过程转变为进入屏幕内参与仿真过程。

(4) 快速原形和制造技术。在必须看实物零部件时，快速原型系统应能够快速地生成产品设计方案的实物原型。快速原型在产品开发中起着重要作用。CAD 立体建模与快速原型相结合，可以在产品开发期内进行次数更多的设计替代，拿出更加成熟的产品设计方案。

实际上，这些先进的产品开发技术本身就是一种绿色制造技术。例如虚拟制造技术，用数字原型取代实物原型，相当于用知识资源代替自然资源，提高了产品开发设计阶段的绿色度。比如，提高安全性是汽车设计中的关键问题之一。仿真技术为汽车工业带来的好处很明显，主要是能够减少样车（原型）上的试验次数。样车不仅很贵，而且在产品设计完成后才能制造，需要时间。为了推出一种新车型，往往要在样车上进行几十次甚至几百次试验，浪费许多资源，且不一定能找出影响安全性的所有因素。但在整车数字原型的基础上，就有可能反复进行多次碰撞仿真实验，研究不同零部件对安全性的影响。

2. 产品的开发方式和组织方式。

网络环境下，并行工程的产品开发方式如图 2－8 所示，其特点是精简机构，模糊分工；在网络环境下并行、交叉、反复工作；一次性生成基本数据；集成化信息处理；新产品开发周期短，市场和环境响应度高。

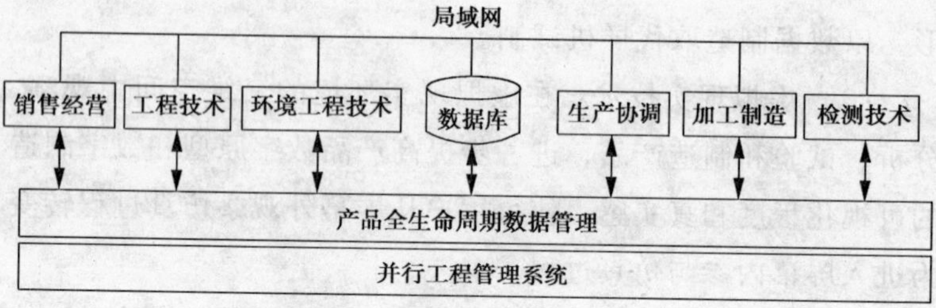

图 2－8　产品并行开发方式

与并行工程开发方式相适应的多学科、跨部门小组组织方式如图 2－9 所示。

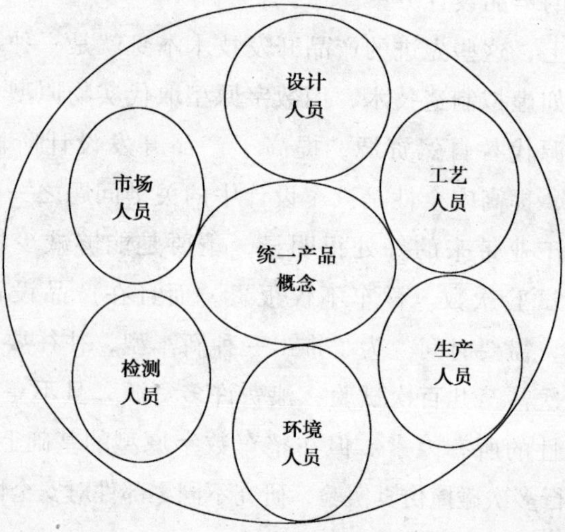

图 2－9　并行工程组织方式

3．产品开发动力分析。

产品开发以潜在的市场需求（包括用户的需求和环境的

需求）为出发点，以先进技术应用为支撑，其创新成果往往是开发全新的产品，从而将潜在的市场激活为一个现实的市场。企业的每一项产品创新都是在一个特定的竞争领域内，利用自身的核心能力和差别优势进行新产品开发，进而推向市场商业化的过程。其竞争领域的决策是具有决定意义的环节。本章主要讨论产品绿色度的创新，这主要涉及三个方面——需求、技术、产品绿色度，如图2－10所示。

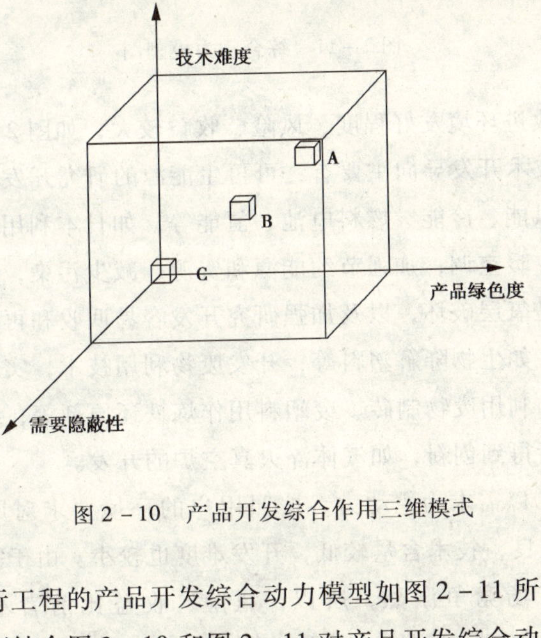

图2－10　产品开发综合作用三维模式

并行工程的产品开发综合动力模型如图2－11所示。

下面结合图2－10和图2－11对产品开发综合动力进行分析。

（1）以科技为主动力，突破性创新全新的产品、全新的绿色市场。需求的隐蔽性增大，需要市场营销部门发掘新产品的潜在需求，并通过各种营销手段将其推入市场，其技术难

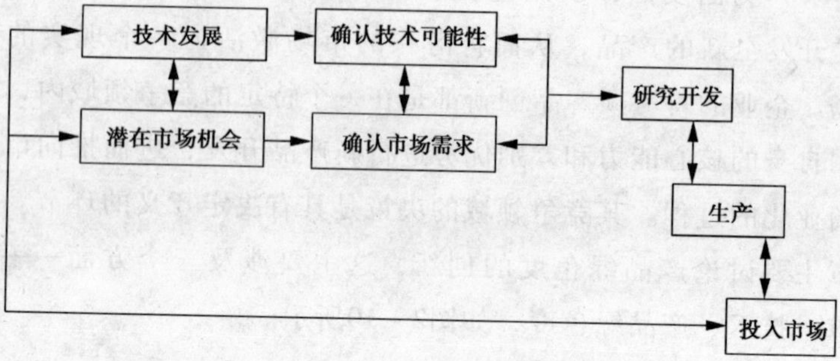

图 2－11　综合动力模型图

度、对改进环境友好程度、风险、收益较大，如图 2－10 中的 A 点。技术开发导向主要有：可再生能源的研究开发，包括太阳能、风能、冷能、燃料电池、氢能等，如日本利用下水道能源开发冷暖空调；加强节约能源和资源，减少污染，减少温室效应与臭氧层破坏，以及加强研究开发容易回收和再利用的环境材料，如生物降解塑料等；开发废物利用技术，实现废物资源化，如利用废物制砖、废塑料用作炼铁还原剂等；绿色生产技术不断得到创新，如气体淬火真空炉的开发。

（2）以需求为主动力，按照用户的环境要求对原产品作局部性改良，技术含量较低，开发难度也较小。由于需求现实存在，市场竞争激烈，所以，风险、收益比前者小，如图 2－10中的 C 点。例如，水平负载式洗衣机比传统的顶部负载式洗衣机节水三分之一，智能控制水量、漂洗次数，而且洗涤过程中绝大部分能量被用来加热水。

（3）产品开发从根本上说是技术和需求共同作用的结果。制造企业需将用户、环境的需求和本企业的核心能力及联盟企业的技术能力相匹配，寻求风险收益的最佳结合点的竞争领域。但是，所有产品都一样，它在市场上的寿命周期最终由消费者需求决定。因此，企业、政府的市场营销部门和环保部门及全社会都要进行消费模式创新，实现消费者从理性追求自身效用最大化的“经济人”到负有社会责任，能为社会福利作出贡献的“社会人”和与自然环境和谐共存的“生态人”的转变。

2.4.3　全生命周期设计的方法和原则

全生命周期设计的内容除了包括传统产品设计的内容，还主要包括以下几个方面，这些内容相互联系、相互制约。

一是结构设计。产品的结构设计是后续设计的基础，结构设计的优劣，对绿色制造有深刻的影响。具体方法可以通过以下方面进行优化：简化产品的结构，尽量避免可有可无的零件；采用功能多样化与复合化的零件以及简单的连接方法，使整体装置的零件数减少，减少资源消耗；合理地设计产品中零件、支撑、载荷的布置，确定适当的整体尺寸，提高材料利用率；设计结构符合工艺性与加工性，减少加工过程中的材料损耗与能量消耗；设计结构便于回收，实现资源的重复利用；设计结构便于维修，延长产品使用寿命。

二是材料选择。材料选择是全生命周期设计不可缺少的组成部分，是产品开发过程中的最早和最重要的设计决策，同时又是一种重要手段，借助它可以使产品对环境的影响程度最低。因此，全生命周期设计要求设计人员改变传统的选材程序和步骤，选材时不仅要考虑产品使用要求和性能，更要考虑产品的环境性能，优先考虑材料本身制备过程中低能耗、少污染且产品报废后材料便于回收再重新利用或易于降解的有良好环境协调性的绿色材料。具体的措施包括选用可回收再生的材料、节能型材料、可降解材料、环境友善型元件，减少产品中所使用的材料的品种等。

三是产品的资源性能设计。全生命周期设计通过并行考虑产品全生命周期各个阶段的材料和能源消耗、材料利用率和能源利用率，达到产品的资源合理利用和配置。

四是产品的生态环境和劳保性能设计。在产品设计初期，将其环境性能作为设计目标是全生命周期设计区别于传统设计的主要特点之一。各种产品有不同的环境性能，设计时应根据产品的特点、使用环境与要求等分别予以满足。

1. 全生命周期设计的方法。

（1）面向生产和装配的设计（DFM&A）。DFM&A 是一种使产品更容易生产和装配的设计方法。它提供了一种从装配和生产的观点分析设计方案的系统化方法，能使产品更简化，装配和生产费用更少。DFM&A 是在产品的设计阶段就尽早地考虑与产品生产和装配有关的约束（如可生产性、可装配性），全面评价产品和工艺设计，同时提供改进的设计反馈信息，在设计过程中完成可生产性和可装配性检测，使产品结构合理、制造简单、装配性好，能实现全局优化，从而缩短产品的开发周期，取得最大的经济效益。

（2）面向产品使用的设计。产品使用过程中会消耗资源并给环境带来负担，所以产品设计阶段就应对产品使用造成的能源消耗和环境污染问题给予足够的重视。例如，飞利浦公司研制的 SMPS 多芯片电源模块，被称为“绿色芯片（Green Chip）”。此款芯片以全生命周期设计为目标，可以使许多电源在转入闲置待机状态时功耗大大减少。产品的设计应当面向产品的使用过程，结合产品的使用特点和工作方式，采用先进的工艺和技术，改善设计方案，尽量减少产品在使用中的能源消耗。

（3）标准化设计。由于科学技术的进步，产品更新换代的周期越来越短，然而产品的更新、升级并不意味着所有零部件的报废，可能只是核心部件的升级，设计者应充分考虑产品的适应性与标准化，以使产品能通过重组部件而不断更新或完善不同的功能，满足不同的使用要求。标准化设计还可以提高零部件的通用性，提高零部件的重复性，对于实现产品的全生命周期工程具有重要意义。同时，标准化设计亦可以促进专业化生产，减少工艺装备的品种与数量，提高资源利用率，减少资源消耗。

（4）面向拆卸和回收的设计（DFD&R）。全生命周期设计要求把可拆卸性作为产品结构设计的一项评价准则，使产品在报废以后其零部件能够高效地不加破坏地卸下来，从而有利于零部件的重新利用或进行材料循环再生，以达到节省能源、保护环境的目的[59]。因此，面向拆卸性设计成为全生命周期设计的重要内容之一。由于产品的品种千差万别，不同的产品必须采用不同的拆卸性设计方法。概括地说，可拆卸性设计的一般原则为：①减少拆卸的工作量，明确应该拆卸的零部件，将多个零件的功能集中到一个零件；②预测产品构造，避免相互影响的材料组合，避免零件的污损；③易于拆卸；④易于分离；⑤减少零件的多样性，采用标准化的零部件，制订方法的标准化。

回收性设计是指在进行产品设计时应充分考虑产品的各种

材料回收再用的可能性、回收处理方法（再生、降解等）、回收费用等与产品回收有关的一系列问题，从而达到节约材料、减少浪费、对环境污染最小的目的的一种设计方法。

回收性设计的主要原则可以归纳如下：①避免使用对环境及人体有害的材料；②减少产品所使用的材料种类；③避免使用与标准循环利用过程不相兼容的材料或零件；④使用便于重用的材料；⑤按兼容性组织材料；⑥鼓励用户进行循环使用。

（5）面向使用旧零部件和旧材料的设计。在产品设计中，允许使用旧零部件和旧材料，真正实现绿色并行闭环设计，节约资源，提高回收利用率。例如，日本就制订了生态商标废纸掺合率的下限值和白色度的上限值，以达到废纸的循环利用。

（6）产品的成本分析。全生命周期设计中的成本分析与传统的成本分析截然不同。因为在产品设计的初期，就必须考虑产品的回收、再利用等性能，所以在进行成本分析时，就必须考虑污染物的替代、产品拆卸、重复利用成本、特殊产品相应的环境成本等。对企业来说，是否支出环保费用，也会形成企业间产品成本的差异。因此，进行绿色的设计时，应在作出每一设计选择时进行成本分析，以使产品更加“绿色化”，达到追求环境效益与经济效益双赢的目的。

2. 全生命周期设计的原则。

全生命周期设计与传统设计相比较，应遵循以下原则：

（1）资源最佳利用原则。资源最佳利用原则包括两个方面的内容：一是在选用资源时，应从可持续发展的观念出发，考虑资源的再生能力和跨时段配置问题，不能因资源的不合理使用加剧其枯竭危机，尽可能使用再生资源；二是在设计时尽可能保证所选用的资源在产品的全生命周期中得到最大限度利用。

(2) 能量消耗最少原则。能量消耗最少原则也包括两个方面的内容：一是在选用能源类型时，应尽可能选用太阳能、风能等清洁型可再生一次能源，而不是汽油等不可再生二次能源，这样可有效地缓解能源危机；二是从设计上力求产品全生命周期循环中能源消耗最少，并减少能源的浪费，避免这些浪费的能源可能转化为振动、噪音、热辐射以及电磁波等。

(3) “零污染”原则。全生命周期设计应彻底抛弃传统的“先污染，后处理”的末端治理环境的方式，而要实施“预防为主，治理为辅”的环境保护策略。因此，设计时就必须充分考虑如何消除污染源，从根本上防止污染。

(4) “零损害”原则。全生命周期设计应该确保产品在生命周期内对劳动者（生产者和使用者）具有良好的保护功能，在设计上不仅要从产品制造和使用环境以及产品的质量和可靠性等方面考虑如何确保生产者和使用者的安全，而且要使产品符合人机工程学和美学等有关原理，以免对人们的身心健康造成危害。总之，全生命周期设计力求损害为零。

(5) 技术先进原则。全生命周期设计要使设计出的产品为“绿色”，要求采用最先进的技术，而且要求设计者有创造性，使产品具有最佳的市场竞争力。

(6) 生态经济效益最佳原则。全生命周期设计不仅要考虑产品所创造的经济效益，而且要从可持续发展的观点出发，考虑产品的生命周期内的环境行为给生态环境和社会带来的环境生态效益和社会效益的损失。也就是说，要使产品生产者不仅能取得好的环境效益，而且能取得好的经济效益，即取得最佳的生态经济效益（Eco－efficiency）。

2.4.4 产品设计制约因素分析

根据上节对全生命周期设计内容、方法和原则的分析，本节建立了一个产品全生命周期设计的层次分析模型，并对影响全生命周期设计的因素进行重要性评估。其主要目的是找出制约全生命周期设计的重要因素，使全生命周期设计并行工作小组能在产品的开发设计中抓住主要因素，重点管理，不要因为一些重要度差的设计工作投入过多的时间、人力、物力，影响了总体设计及真正实现产品并行工程设计的系统集成和整体最优。

1. 层次结构模型，如表 2－2 所示。

表 2－2　　产品设计评价层次结构模型

目标层A	产品设计制约因素重要度分析																		
制约因素层B	结构属性 B_1				材料属性 B_2				能源属性 B_3			环境属性 B_4			技术先进性 B_5			全生命周期成本 B_6	
子制约因素层C	可生产装配性	可维护性	可升级换代性	可拆卸回收性	轻质节能性	毒害性	可再生性	可降解性	能源类型	生产阶段能耗	使用阶段能耗	生产阶段污染物排放量	使用阶段污染物排放量	回收利用率	质量	功能	用户友好性	设计成本	后续成本

2. 确定标度 a_{ij}用专家评估法。

首先分发专家咨询表，将专家的意见集中、返回、再集中，最后取得对 a_{ij}判断较为一致的意见。每一轮咨询表收回后，需做统计处理：

(1) 计算专家对比较矩阵元素 a_{ij}的平均估计值。

(2) 比较每一位专家估计值与平均估计值偏差后，将此轮咨询情况反馈给该专家，同时请偏差值较大的专家作出新的判断。通过几轮反复，可以得到较为一致的意见。

由此，建立 A—B 判断矩阵和 B_i—C 判断矩阵。

A—B 判断矩阵为：
$$\begin{bmatrix} a_{11} & a_{12} & \cdots & a_{16} \\ a_{21} & a_{22} & \cdots & a_{26} \\ \vdots & \vdots & & \vdots \\ a_{61} & a_{62} & \cdots & a_{66} \end{bmatrix}$$

B_i—C 判断矩阵为：
$$\begin{bmatrix} a_{11} & a_{12} & \cdots & a_{1n} \\ a_{21} & a_{22} & \cdots & a_{2n} \\ \vdots & \vdots & & \vdots \\ a_{n1} & a_{n2} & \cdots & a_{nn} \end{bmatrix}$$

n 为 B_i 的制约子因素个数。

3. 计算相对权重，并进行一致性分析。

制约因素层 B 对目标层 A 的相对权重为：

$$\bar{\omega} = (\omega_1, \omega_2, \cdots, \omega_6)^T$$

子制约因素层 C 对其所对的各制约因素 B_i 的相对权重为：

$$\bar{\omega}_i = (\omega_{i1}, \omega_{i2}, \cdots, \omega_{in})^T \quad (i=1, 2, 6)$$

4. 子制约因素层 C 对目标层 A 的权重计算。

子制约因素层 C 对目标层 A 的权重为：

$$V_i = \omega_i \cdot (\omega_{i1}, \omega_{i2}, \cdots, \omega_{in})^T = (v_{i1}, v_{i2}, \cdots, v_{in})^T \tag{2-6}$$

v_{in}为 B_i 的第 n 个子因素对目标层 A 的权重。

5. 重要度分析。

对各层因素的相对重要度——相对权重和子制约因素的重要度——权重进行分析，找出影响较大的因素，采取重点管理的策略，对一些重要度差的因素采取一般管理的策略。

6. 模型扩展方式。

层次结构模型的制约因素是随着国家、地区、企业、产品的不同而不同的，而且随着时间的变化在不断变化，所以这里所建立的所有层次结构模型都是动态的、可扩展的。模型扩展方式有同层次制约因素横向扩展和缩进，并按照影响因素的重要度进行层次纵向扩展和缩进。

例如，面向可拆卸回收性设计在产品的设计阶段就考虑产品使用后的拆卸和回收问题，使产品能够被方便地拆卸、经济地回收，从而减少废弃物的产生，达到节约资源和保护环境的目的。目前，可拆卸性在国内外都很受重视，它在产品的结构设计中重要度较高。为了对它实行重点管理，可先分析出影响可拆卸回收的制约因素，然后再进行分析评价。其层次结构模型如表 2－3 所示。

表 2－3　　可拆卸回收性评价层次结构模型

目标层	可拆卸回收性制约因素分析												
制约因素层	可拆卸性					可回收性						经济性	
子制约因素层	产品的拆卸效率	连接数目	零部件数目	不同连接的类型束	产品的结构深度	产品采用的材料种类数	可重用零件比例	可重用部件比例	可回收材料比例	产品中填埋废弃物比例	产品中焚烧废弃物比例	回收收益	拆卸成本

2.4.5　产品设计方案评价

在评价方案之前，首先必须判断其是否为满意方案，然后再应用 AHP 法作出评价产品设计方案的算法流程。

1. 生命周期评估法。

产品设计方案评价必须采用生命周期评估法（LCA）。LCA 是全生命周期设计的一项重要的内容。LCA 能够量化一个产品在其整个产品生命周期中对环境的影响，并提供改进的指导原则，因此，LCA 被认为是支持产品设计的核心工具。LCA 对一个特定产品的分析包括以下四个方面的内容：

（1）定义目标和范围，包括定义 LCA 的目标，建立所研究产品的功能单元，设定 LCA 的边界等。

（2）详细目录，包括模拟产品各个生命周期阶段的全部输入（能源、原材料）和全部输出（产品、副产品、废弃物等）的基础数据，并进行量化。

（3）影响因素评价。评价时要对量化的基础数据进行仿真分析，然后将其转换为对环境有关的测量数据。

（4）结果评价。对各影响因素造成最严重的环境问题的结果进行评估，并提出改进设计的策略。

2. 判断是否为满意方案。

在对方案评价之前，首先必须判断方案是否为满意方案，然后再对满意方案进行综合评价。判断是否为满意方案的流程如下：

（1）选择评价产品设计方案的限定性标准。限定性标准是使方案称为可行方案的最低标准。限定性标准可以从国际标准、国家标准、环保部门标准、行业标准、企业标准选择。另外，不仅要选择产品本身的标准，而且要选择产品加工标准、产品包装标准等。

（2）确定合格标准。合格标准是指判定一个方案最后是否能作为最终方案的合格判定标准，即我们使用合格标准来确定满意方案。假如，一个列出了八项限定性标准的方案，那么可以把这八项限定性标准组成一组标准，成为这一决策的合格标准。

（3）评价是否为满意方案。达到合格标准的方案为满意方案。对产品设计方案来讲，这一步尤其重要。比如，2007年中国禁止了含氟冰箱的销售，2007年以后，在我国，如果一项冰箱设计方案综合评价指标很高，但是它是使用氟里昂的设计方案，那么这项方案首先就不能成为满意方案，更不能成为可行方案。

3. 用 AHP 法对产品设计方案评价。

用 AHP 法对产品设计方案、产品全生命周期矩阵模型进行评估，步骤如下：

(1) 建立层次结构模型。

①确定目标层和方案层。如果评价目标是一个方案，那么必须找一个参照标准方案（国际、国家、环保部门、行业标准、地区标准、地区法规、企业标准）进行比较，相应得到目标层 A 和方案层 P。

A：产品设计方案

P：待评价方案，参照标准方案

如果评价目标是多个方案，那么相应得到目标层 A 和方案层 P。

A：多方案优劣排序

P：方案 1，方案 2，…，方案 n

②确定准则层 B 和指标层 C。

可以按照重要度直接从子制约因素层选取评价指标，建立指标层 C。准则层 B 就是制约因素层。

(2) 确定标度，建立 C_j-P 判断矩阵。专家评估确定 C_j-P判断矩阵的标度。

评价指标有定量指标和定性指标。例如，设计产品的设计成本、预计后续成本等属于定量指标，另外还有一大部分指标在设计阶段难以定量化，如产品结构设计的可升级换代性等。

评价指标有的是面向产品全生命周期，有的是面向相关的几个过程，有的只面向一个过程，指标值按代数加法直接计算，例如：

材料属性的毒害性 = 材料加工的毒害性 + 材料使用的毒害性 + 材料报废的毒害性

预计后续成本 = 预计生产成本 + 预计使用成本 + 预计回收成本

回收利用率 = 生产阶段利用旧零部件和材料率 + 回收阶段回收再利用率

每个设计方案的定量指标按上述方法定量化后，其结果提交给专家组，专家组更容易确立较客观的 $C_j - P$ 判断矩阵的标度。

（3）计算指标层 C 对目标层 A 的权重。

$V = (v_1, v_2, \cdots v_m)^T$

m 为指标层个数。

（4）计算各方案 P_k 对各个指标 C_j 的相对权重，并进行一致性分析。

$X_j = (x_{j1}, x_{j2}, \cdots x_{jk})$

$j = 1, 2, \cdots, m$；k 为方案个数。

（5）计算组合权重 $[DII]$。

$[DII] = (DII_1, DII_2, \cdots DII_k)$

各方案的权重计算公式：

$$DII_l = \sum_{j=1}^{m} v_j x_{jl} \qquad (l = 1, 2, \cdots, k) \tag{2-7}$$

（6）评价结果分析。

单目标评价结果分析：

DII_1 为待评价方案的权重，DII_2 为参照标准方案的权重，根据 DII_1 和 DII_2 的值就可看出产品设计方案的优劣，应对一些指标权重较大的同时方案对其影响又小的因素进行改进设计，然后进行风险和收益分析，再决定是否可行。

多目标评价结果分析：

按各方案的权重 *DII* 进行产品设计方案优劣排序，选出几个较合理的方案进行改进设计，重新评估选优，然后进行风险收益分析，综合评估出可行方案。

2.5 绿色生产和绿色物流

2.5.1 绿色供应链

绿色生产和绿色物流都应该建立在绿色供应链的基础上进行系统集成和整体优化。

1. 绿色供应链的概念。

供应链是围绕核心企业，通过对信息流、物流、资金流的控制，从采购原材料开始，制成中间产品以及最终产品，最后由销售网络把产品送到消费者手中的将供应商、制造商、分销商、零售商直到最终用户连成一个整体的功能网络结构模式。根据供应链的概念，我们给出绿色供应链的概念。

绿色供应链是围绕绿色核心企业，通过对信息流、物流、资金流的控制，从市场分析、产品开发设计开始到采购原材料，制成中间产品和产品，由销售网络把产品送到消费者手中，产品报废和停止使用后，最后由环保网络回收再利用的将环保部门、供应商、制造商、分销商、零售商、用户还有竞争者和相关企业连成的一个整体的实现资源消耗极小、环境负影响极小的功能网络结构模式，如图 2－12 所示：

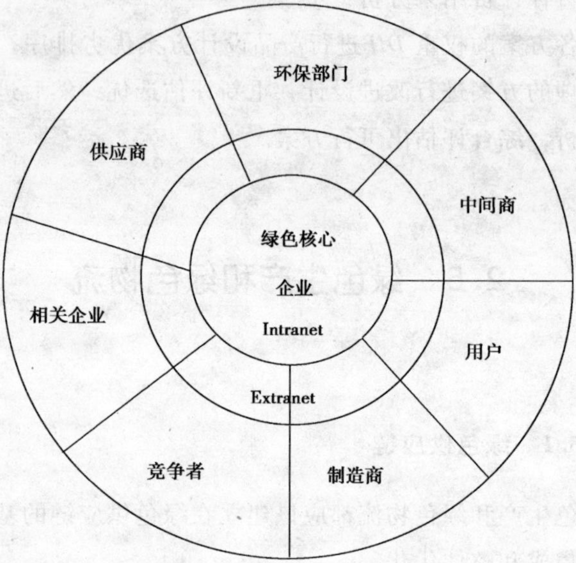

图 2－12　绿色供应链系统

2. 企业与环保部门的集成关系。

环保部门主要指企业级和政府级的正在发展的专职环保产业，例如回收公司、废弃物治理和循环利用公司、环保局等部门。环保部门的职能主要包括帮助企业对产品材料的选择、对生产过程和产品的污染排放的控制以及对生产废弃物的管理、水净化、循环利用、回收报废、停止使用产品的拆卸和材料零部件分检等方面。企业应该发展自己的核心优势，环保职能可以进行业务外包，所以，环保部门应该和企业建立合作伙伴关系，共同实现产品在全生命周期过程的绿色特性。

3. 企业与供应商的集成关系。

供应商的绿色制造意识、生产规模、质量技术能力、管理水平、开发产品的能力等都会直接影响总装配企业的最终产品是否能达到产品的要求。这些是供应商供应质量的体现，应该作为选择供应商的依据。另外，企业与供应商之间是否能建立互惠互利、密切合作的关系，也是它们能否共同合作开发制造出产品的重要前提。

企业选择供应商的因素主要包括以下几个方面：

（1）供应商的绿色制造意识。

（2）供应商提供零件的材料情况（如是否无毒、无害、无环境污染）及供应商对产品和包装的设计（零部件采用全生命周期设计，供应商可参加企业设计）。

（3）供应商的产品绿色度（如产品的再循环能力、是否申请绿色标志、是否符合 ISO14000 系列标准等）。

（4）供应商的生产管理（如是否采用绿色工艺）。

4. 企业与竞争者的集成关系。

一般来说，为某一顾客群体服务的企业不止一个，企业之间的绿色市场竞争对企业的生产经营形成了一种制约和促进。竞争者在产品制造方面的研究开发、生产、营销、服务、回收再利用和管理等方面的能力都是企业应分析的内容，这样可以促进企业的绿色制造技术与管理。企业也可以和竞争者建立合作关系，比如联合运输，以减少产品在运输过程造成的环境污染和资源消耗。例如，丰田和尼桑公司共同使用车辆运送成品车。

5. 企业与用户的集成关系。

用户是企业产品或服务的购买者，是企业服务的对象。用户的消费偏好、消费水平对企业的战略决策和生产经营有直接的影响。用户应该和企业联合起来减少产品不增值的环节，比如实行简约包装。另外，企业和用户的关系不仅体现在销售和服务上，而且也包括报废或停止使用后回收再利用关系的集成。例如，有人就建议企业要回收处理其生产的主要产品，如汽车、冰箱、空调、电视机等，用户只买了产品的使用权，而企业拥有产品所有权，有责任进行产品报废后的回收处理。

6. 企业和相关企业的集成关系。

所谓相关企业是指处于一个区域内与企业相关但并不具有竞争性的企业，如汽车厂周围的钢铁厂、化工厂以及养殖厂等。企业在进行自己的活动时必须考虑到其活动对相关企业是否构成了一定的影响。同时，企业可以与相关企业很好地合作实现资源的循环利用，如热循环、水循环和企业废料的利用等。

7. 企业与分销商、零售商的集成关系。

中间商不仅要把产品快捷并低成本地送到顾客手中，而且还要配合企业和环保部门实现产品的经济回收和利用。

实际上，绿色供应链上所有的政府部门、企业和用户都应该建立合作伙伴关系，保证每个企业发展各自的核心优势，包括全生命周期设计技术，绿色生产技术、绿色包装技术等各方面的优势。采用先进制造技术和网络技术实现供应链的系统集成和整体优化。整个产品的制造都应该从绿色供应链管理系统来考虑，在先进制造技术和信息技术的支撑下，经济地提高产品的绿色度，实现资源最优配置，减少资源消耗。废弃物应被最佳循环利用，降低对生态环境和人类的负面影响。

2.5.2 绿色生产的管理方法

在研究绿色生产概念的基础上，提出了绿色生产的根本原则就是“少进少出”，对绿色生产的管理方法进行了较系统分析。

1. 绿色生产的概念。

绿色生产即清洁生产。1989 年，联合国环境署（UNEP）巴黎工业与环境活动中心对清洁生产的概念定义如下：

(1) 清洁生产是对工艺和产品不断运用一体化的预防性环境战略，以减少其对人体和环境的风险；

(2) 对于生产工艺，清洁生产包括节约原材料和能源，消除有毒原材料，并在一切排放物和废弃物离开工艺之前削减其数量和毒性；

(3) 对于产品，战略重点是沿着产品整个生命周期，即从原材料获取到产品的最终处置，减少其各种不利影响。

清洁生产与绿色制造的关系是局部与整体、环节与链条的关系。清洁生产着重于产品的实现过程。

2. 绿色生产的原则。

绿色生产的原则就是“少进少出”，即在产品的生产过程中减少资源、能源的消耗，减少废弃物的排出。绿色生产主要包括：提高知识资源的输入，减少资源消耗，提高资源利用率；减少废弃物的排放，提高废弃物的循环利用率；采取措施降低废弃物对人类和生态环境的危害。

3. 绿色生产的管理方法。

(1) 绿色工艺规划。实现绿色工艺的途径主要有：进行技术创新，改变或改善生产工艺，改造原有设备，提高生产效率，将工艺中原材料消耗、能源消耗、废物产生和生态负效应减少到最低程度；改变原材料的投入，加强副产品、回收产品的利用，以实现废料在工艺过程中的循环使用；尽量使用自然环境，但应对空气、土壤、水和废物排放进行相适应的环境评价，根据环境承载负荷的相对尺度，确定其对生物多样性、人体健康和自然资源的影响。

例如，解决切削液对环境污染的最好办法是采用干切削。干切削就是在加工过程中不用任何切削液的加工方法，是控制环境污染源头的绿色制造工艺。不过，这种理想的工艺方法要广泛应用于生产，还有待于进一步研究。

（2）加工功能扩展技术。在现有的某种单一加工功能装备上，对个别部件进行改装而完成其他特定的加工要求。例如，在一台大型插齿机床上，要求对硬齿面齿轮磨齿，就可以改装磨齿头而利用原机床的分齿传动与展成渐开线齿廓的机构，大大减少了资源输入，增加了产品的利用率。

（3）降低废弃物危害技术。废弃物主要包括固、液、气体废弃物及辐射、噪声等。在产品加工装配过程中必须采取降低废弃物危害技术。例如，为降低粉尘对环境的危害，改进机床结构，控制切削粉尘的排出，可采用排风系统收集粉尘，尽量使生产过程自动化、密闭化，避免有害物和人体直接接触；为减少切削液对人体的危害，设置防止切削液飞溅装置。

（4）废弃物循环再利用技术。废弃物循环再利用是指废弃物的再使用（啤酒瓶等物品的回收处理后再使用）和再利用（加工过程的固体切削物处理后转化成新的原材料使用）。废弃物循环再利用包括企业内和供应链上的废弃物循环再利用。

（5）敏捷制造。敏捷制造是改变传统的大批量生产，采用先进制造技术和核心技术对市场的变化作出快速反应的一种生产方式，通过可重用的制造手段与动态的组织结构和高素质的工作人员的集成，获得企业长期的经济效益和生态效益。敏捷制造采用标准化和专业化的计算机网络和信息集成基础结构，以分布式结构连接各类企业，构成虚拟制造环境；以竞争合作为原则在虚拟制造环境内动态选择成员，组成面向任务的虚拟公司进行快速生产；系统运行目标是最大限度满足用户和环境的需求。因而，采用多变的动态组织结构的敏捷制造企业，不仅能迅速设计、试制全新的产品，而且还易于吸收实际经验和绿色工艺改革建议，不断改进老产品，能最大限度地调动、发挥人的主动性与创造性，以人的素质的提高而获得竞争的胜利；能以最小的投入对组织进行重新组合，快速响应市场和技术的变化；能以最小的资源消耗生产出产品，相当于人力资源、知识资源最大限度地替代自然资源。

2.5.3　供应链环境下绿色生产计划优化设计

为了实现资源优化，最大限度地减少产品在生产过程中的环境污染，在安排产品零部件的生产计划时，企业应该从供应链整个系统来考虑。也就是，要决策企业自己生产，还是业务外包？如果安排外包，选择什么样的合作伙伴。为此，应该对企业和合作伙伴生产该零部件的绿色生产能力作出评价。为此，我们建立了绿色生产计划优化设计的层次结构模型和算法流程。

1. 绿色生产计划优化设计层次结构模型（见表2－4）。

表 2-4　绿色生产优化设计层次结构模型

<table>
<tr><td>目标层 A</td><td colspan="7">选择生产商</td></tr>
<tr><td>准则层 B</td><td colspan="4">生产的绿色特性</td><td colspan="2">生产的技术先进性</td><td>生产的经济性</td></tr>
<tr><td>子准则层 C</td><td>资源利用率</td><td>有害废物排放量</td><td>辐射</td><td>噪声</td><td>质量</td><td>交货期</td><td>生产成本</td></tr>
<tr><td>方案层 P</td><td colspan="2">伙伴 1</td><td colspan="2">伙伴 2</td><td colspan="2">……</td><td>本企业</td></tr>
</table>

2. 用专家组打分法确定各判断矩阵的标度。

3. 用 AHP 法求解。

4. 结果评价。

对所有企业的组合权重进行优劣排序，当本企业的组合权重大于等于所有被评价合作伙伴的组合权重时，说明本企业具有生产该产品的核心优势，自己生产；当位于第一位的企业是某个合作伙伴时，本企业应该考虑采取业务外包的战略，把生产该零部件的计划外包该合作伙伴，实现产品的最大绿色度、最佳质量等指标，提高产品的竞争力。

2.5.4　绿色工艺规划

绿色工艺规划是一种综合考虑产品制造加工过程绿色特性、技术先进性、经济性的工艺设计和选择的方法。它是绿色制造的重要内容，是实现产品生产过程绿色特性的保障。这里用模糊层次分析法（Fuzzy - AHP）选择绿色工艺。设计方法如下：

1. 建立层次结构模型，用 AHP 法确定指标的权重。

目标层 A：选择绿色工艺。

原则层 B：工艺的绿色特性、工艺的技术先进性、工艺的经济性。

指标层 C：根据具体情况选择确定。

2. 指标的标准化处理，用模糊理论把指标统一处理为同一性质无量纲的效益型指标，其值在［0, 1］之间。

(1) 模糊理论。设域 $X=\{x\}$ 上的模糊集合 A 由隶属函数 $\mu_A(x)$ 在实轴闭区间［0, 1］中取值，$\mu_A(x)$ 的大小反应模糊集合 A 的隶属程度：$\mu_A(x)\rightarrow[0, 1]$。

(2) 用指派法确定隶属函数。如何确定各评价指标的隶属函数是实施模糊层次分析法的关键问题之一。采用指派法，即根据评价指标的性质指定现有的模糊分布形式，再依具体条件进行修正、完善，然后根据经验指定或根据实验数据计算出隶属函数的有关参数，最后确定出该评价指标的隶属函数。对于资源属性中能源利用率为效益型指标，可以初步确定指标的隶属函数分布为升半梯形分布，然后根据生产实践统计和分析认为：当产品的能源利用率达到 90% 时，该指标的绿色性能就非常好，即隶属度为 1；当产品的能源利用率小于 30% 时，该指标的绿色性能就很差，即隶属度为 0。由此可得指标的隶属函数为：

$$\mu_A(x)=\begin{cases}0 & x\leqslant 0.3\\ \dfrac{x-0.3}{0.9-0.3} & 0.3<x<0.9\\ 1 & x\geqslant 0.9\end{cases}\tag{2-8}$$

将评价指标的实际值代入隶属函数中，计算出评价指标的隶属度。同理，对于效益型、成本型、固定型指标，它们的隶属函数分别为：

当 x 为效益型指标时，

$$\mu_A(x) = \begin{cases} 0 & x \leqslant a_{\min} \\ \dfrac{x - a_{\min}}{a_{\max} - a_{\min}} & a_{\min} < x < a_{\max} \\ 1 & x \geqslant a_{\max} \end{cases} \tag{2-9}$$

当 x 为成本型指标时，

$$\mu_A(x) = \begin{cases} 0 & x \geqslant a_{\max} \\ \dfrac{a_{\max} - x}{a_{\max} - a_{\min}} & a_{\min} < x < a_{\max} \\ 1 & x \leqslant a_{\min} \end{cases} \tag{2-10}$$

当 x 为固定型指标时，

$x \leqslant a_0$，按式（2-9）计算，$a_0 = a_{\max}$

$x \geqslant a_0$，按式（2-10）计算，$a_0 = a_{\min}$

a_0 为固定值。

（3）用概率来确定隶属函数。

理论依据：公理性设计的基本设计公理——信息公理。

一个系统的输出函数一般呈随机分布，$Y—N(x, \sigma^2)$，因此系统范围可用概率分布函数表示，而设计范围是由设计者确定的输出参数的变化范围，共同范围是设计范围和系统范围的交集，于是成功满足设计要求的概率为：

$$P = \frac{\text{共同范围}}{\text{系统范围}}$$

那么，指标值 x 的隶属函数为：

$$\mu_A(x)=P\{a_{\min}<Y\leqslant a_{\max}\}=P\left\{\frac{a_{\max}-x}{\sigma}<\frac{Y-x}{\sigma}\leqslant\frac{a_{\min}-x}{\sigma}\right\} \tag{2-11}$$

即 $\mu_A(x)=\Phi\left(\frac{a_{\max}-x}{\sigma}\right)-\Phi\left(\frac{a_{\min}-x}{\sigma}\right)$ (2-12)

设计范围为［a_{min}，a_{max}］。

(4) 根据隶属函数计算隶属度。

n 个方案的 m 个指标隶属度构成矩阵 $[U]_{n\times m}$

3. 计算综合评价指标 *TII*（*Technology Integrated Indicator*）:

$$[TII]_{n\times1}=[U]_{n\times m}\ [V]_{m\times1} \tag{2-13}$$

$[V]_{m\times1}$为 m 个评价指标的权重所构成的矩阵。

4. 选择最佳方案。

最佳方案 = min $\{TII_i\}$

5. 案例。

目前，生产化学纤维用的喷丝头是用硬质合金制成的，其直径为100毫米。在它上面有1.2万个直径为60微米、深度为3毫米的小孔，孔的直径很小，且孔的深度较深，因此在加工中多采用电子束加工和激光加工。下面我们分析两种加工方案的特点。

(1) 在技术方面，激光加工和电子束加工都能很好地完成设计要求。

(2) 在绿色特性方面，激光发生器的能源转化率低，因此，其能源利用率比电子束低，加工中消耗的主要资源是被切除的金属。两种工艺方法产生的污染物以废气为主，这里采用大气污染水平作为统一指标。另外，这两种工艺方法能产生粉尘污染物，因此职业病主要是指由粉尘引起的各种疾病。

(3) 因为激光加工的生产效率较电子束高，所以在大批量生产时激光加工的成本较电子束低。

根据上述分析可建立层次结构模型，通过查阅有关资料[198]，这两种工艺指标数据如表 2－5 所示。根据这些数据便可进行工艺评价，其步骤如下：

表 2－5　电子束和激光加工工艺的绿色特性清单

目标层	原则层	指标层	指标值（x）		方差（σ）		设计范围	
			电子束 1	激光 2	电子束	激光	最大值	最小值
选择工艺方案	技术先进性	径向尺寸精度（μm）	60	60	5	9	55	65
	绿色特性	能源利用率（%）	0.70	0.35	0.003	0.003	0.30	0.90
		资源消耗（g）	106	107	4	7	102	110
		金属粉尘排放（mg）	150	160	100	100	130	170
		职业病发生率（1/万次）	1.15	1.00	0.10	0.10	0.80	1.20
	相对成本	相对成本（元）	1.00	0.85	0.10	0.10	0.70	1.05

(1) 利用 AHP 法确定各指标的权重。

(2) 计算两种工艺指标隶属度。

一是用指派法确定隶属函数。首先确定隶属函数的参数，效益型指标有能源利用率，固定型有径向尺寸精度，其余均为成本型指标。对于成本、效益型指标，设计范围最小值为 $a_{\min}$，最大值为 $a_{\max}$。对于固定型指标：

$$a_0 = \frac{a_{\min} + a_{\max}}{2} \tag{2-14}$$

根据公式建立隶属函数，并计算两个方案的指标隶属度 [U_1]，结果如表 2-6 所示。

二是用概率确定隶属函数。首先确定隶属函数的参数，设计范围最小值为 a_{min}，最大值为 a_{max}，根据公式建立隶属函数，并计算结果 [U_2]，如表 2-7 所示。

(3) 计算工艺综合指标 TII_i，$i=1,2$。

计算结果如表 2-6 所示。

表 2-6 电子束加工和激光加工指标值隶属度和综合指标

指标		径向尺寸精度	能源利用率	资源消耗	金属粉尘排放	职业病发生率	成本	*TII*
指标权重		0.33	0.09	0.14	0.16	0.07	0.20	
U_1	电子束	1.00	0.67	0.5	0.50	0.125	0.14	0.58
	激光	1.00	0.08	0.38	0.25	0.50	0.57	0.58
U_2	电子束	0.68	1	0.68	0.16	0.69	0.69	0.63
	激光	0.42	1	0.43	0.16	0.95	0.91	0.57

注：为了验证 Fuzzy-AHP 法的可行性，保证结果客观可靠，指标权重为查资料所得。

表 2-6 数据结果显示，无论用指派法确定隶属函数，还是用概率确定隶属函数，$TII_{电子束加工}$ 均大于 $TII_{激光加工}$，所以要选择电子束加工。

2.5.5 绿色物流

物流（Logistics）是指为了实现顾客满意，连接供给主体和需求主体，克服空间和时间阻碍的有效、快速的商品、服务流动经济活动过程。绿色物流是与环境共生、循环性的物流。

物流包括调达物流、企业内物流、销售物流、退货物流；绿色物流除了传统物流所包含的内容外，还包括废弃物循环再利用物流、报废或停止使用产品的回收再利用物流。绿色物流不仅要实现企业内部的物流绿色特性，而且要实现整个供应链的物流绿色特性，这就是21世纪绿色物流管理和亟待解决的重大课题。

提高产品在流通过程的绿色度有很多因素，包括输送、保管、流通加工、包装、装卸、信息等。这里只研究产品在销售阶段的物流，产品的销售阶段的绿色特性主要涉及绿色包装与绿色运输的问题。本节提出了绿色包装和产品一样，要从它的全生命周期来制造评价，但也有其特点，分析如下：

1. 绿色包装全生命周期制造策略。

产品的包装问题是产品处置中研究的焦点。绿色包装和产品一样要从它的全生命周期来选择、设计、生产、使用、回收再利用。绿色包装也具有三个特点：技术先进性、经济性、绿色性。产品包装主要是为了保证产品在装卸与运输过程中的安全性和一定的美观性，所以在全生命周期制造中主要有以下特点：

(1) 采用什么样的包装形式，应该从供应链的角度来分析。例如，水泥的大量用户是水泥制品厂或大型建筑工地，水泥在厂内包装运输到用户，用户又拆开包装，其间浪费了大量包装用的纸袋。因此，根据分析，水泥企业决定采用罐装车进行运输，消除了包装车间的价值链，降低了水泥的成本，而且节约了制造纸袋的木材，起到了保护生态环境的作用。

(2) 在包装材料的选择和循环再利用上，国外提出了4R战略。4R战略提出：第一，减少包装材料（Reduction）。包装应有“求新、求异”的消费理念转向简约包装，这样既可以降低成本，减少废弃物的处置费用，又可以减少环境污染并减轻消费者负担。第二，包装材料的再利用（Reuse）。应尽量选择可再利用的包装材料，多次使用，减少资源消耗。第三，包装材料的回收（Reclaim）。包装应尽可能选择可回收、无毒、无害的材料。第四，包装材料的循环使用（Recycle）。包装应尽量选择易于降解的材料，使用可循环使用的包装来减少废弃物的污染，并大大降低成本。如美国国家半导体公司（National）和它的一个合作伙伴 Siltec 公司就有友情的合作关系。National 公司的工人在卸完硅晶片后，随手丢弃了那些昂贵的塑料包装盒。Siltec 公司建议保留这些盒子，于是在卸货场上放了一个标有 Siltec 地址的大箱子。National 公司的工人卸货完毕后即把塑料盒扔到箱内。大箱子被装满后，联邦快递公司的工人便把它封好，运回 Siltec 公司。结果两公司总成本一年就降了 30 多万美元。

（3）包装材料的选择还应满足：生产要节约能源与材料；焚烧不污染大气且尽可能再生。鉴于包装功能的特殊性，可以对其进行适当处理以提高绿色特性，例如在包装纸制造的过程中将树木的种子加入进去，使之被废弃后除了纸本身能够分解外，里面的种子还有机会在途中生根、发芽、长大……

在包装物的使用中，通过改进产品结构形式，可以减少产品的重量，达到改善、降低成本的效果，并减少对环境的不利影响，提高产品的内部结构强度，减少产品在运输过程中的破损，减少包装材料，降低包装费用。另外，还应该加强对包装材料的回收再利用技术的开发，循环利用现有的包装废弃物。

2. 绿色包装全生命周期评价。

绿色包装和产品的评价一样，也应该从包装物的全生命周期来评价。包装物具有特殊的功能，评价指标也具有特殊性，这也是绿色包装设计中应考虑的因素。绿色包装的评价可采用前面介绍的 AHP 法或Fuzzy－AHP法评价，建立层次结构模型，如表2－7所示。

表2－7　包装物评价层次结构

目标层	评价包装物									
原则层	绿色特性					技术先进性				经济性
指标层	重量	能源消耗	材料毒害性	回用次数	可降解性	多功能性	安全可靠性	可操作性	美观性	全生命周期成本

3. 绿色运输。

产品运输中汽车的资源消耗和汽车排放污染是一个重要的环境问题，一方面要开发使用绿色汽车，另一方面要减少产品运输量和运输次数。下面主要分析几种物流方式对环境的影响。

（1）即时配送（JIT）对环境的影响。JIT是现代物流管理中最为成功的物流革新，它强调的是无库存经营，即在适当的时间配送适当的商品。但应当看到的是，从环境角度讲，JIT配送有一定的限制条件，即JIT配送适合于供应商在生产商的附近，否则，实行JIT方式会不可避免地使环境遭到污染，主要表现在增加了空气污染以及燃料耗费。除此之外，JIT是货物运输从铁路转向公路，这种状况对环境具有消极影响，因为相比较而言，铁路污染小、能耗低、噪音污染小、运费低。因此，JIT配送更适合近距离的企业间输送，这也就是日本丰田公司在推行JIT物流时，往往要求供应商建立在组装厂商附近的原因，这也被称之为推行JIT生产方式的特定关系性投资。总之，对于一个企业来讲，要实行JIT配送，应当充分考虑相应的环境条件以及这种新型的物流活动对环境可能产生的影响。

(2) 24小时货运对环境的影响。从环保的角度讲，昼夜运营方式有很多优点，最主要是减少燃料耗费，这是因为白天道路比较拥挤，严重影响燃料耗费数量，而夜间行车节约的潜力很大。

(3) 共同配送对环境的影响。对于汽车运输而言，既能提高运输效率，又能减少环境影响的一种有效方法就是共同配送。共同配送总的指导思想是，尽管单辆汽车运载效率较低，但是，可以将共同的货物或商品集中在一起。共同配送一方面提高了单车装载率，提高了物流效率；另一方面，也有利于削减在途运行车辆，缓解汽车运输对环境的影响。

2.6 小　结

以产品全生命周期理论为基础，研究了产品的内涵与概念，建立了产品全生命周期矩阵模型，规定了该矩阵模型的四个特点。该矩阵模型以及它的特点对产品全生命周期制造科学定量地分析与评价具有重要的意义。本章还分析了全生命周期设计的内容、方法和原则，提出了面向使用旧零部件的设计，建立了产品设计制约因素分析和设计方案评价的层次结构模型。为了实现资源整体优化，使环境污染最大限度地减少，产品的生产、包装、运输等必须从供应链整个系统来考虑决策。本章论述了绿色供应链的概念，对其集成关系进行了分析，在研究绿色生产管理方法的基础上，重点对供应链环境下绿色生产计划优化设计和绿色工艺规划应用层次分析法做了分析研究，为企业进行绿色生产的安排和决策提供了理论依据。作者以公理化设计的基本设计公理——信息公理为理论依据，提出了用概率来确定隶属函数的方法。最后，作者对绿色包装全生命周期制造策略和绿色运输做了分析，建立起绿色包装全生命周期评价的层次结构模型。

3 产品级再使用概念模型

3.1 引　言

再使用分为零部件级再使用和产品级再使用，目前国内外学者主要集中于零部件级再使用的研究，对产品级再使用研究得很少。其实，产品级再使用是产品全生命周期工程中一个客观存在的阶段，既属于产品回收再利用阶段，又属于产品销售使用阶段。通过回收级别判断后，如果产品可再使用，产品就转入了维护、销售和使用阶段。产品级再使用是产品回收再利用的第一优先级，是一种最经济的回收方式，我们对产品级再使用的发展模式、价值分析做了初步研究，并给出产品级再使用的概念模型。

3.2 产品级再使用的发展模式

产品被停止使用后，如果还没有到设计的使用寿命，便可由专家根据其产品设计、制造和前用户使用阶段的信息和技术状态认定是否可再使用，如何为产品寻求新的服务对象和领域，可从以下产品级再使用的五种发展模式考虑：

1. 原来用户继续使用。

消费者需要的是产品所提供的功能（服务）[105, 108]，如果企业承担了该产品整个使用周期内的维护和维修，使产品不断得到更新，以服务替代产品，就会增加用户继续使用的可能性。

2. 任务维发展。

产品可持续发展任务维着重考虑产品为社会、工程、军事等多领域服务的产品应用性发展问题[109]。例如，应用于军事领域的高技术产品停止使用后，可直接或维护后再服务于工程或民用。

3. 等级维发展。

产品根据其技术要求和指标可分为高、中、低等不同等级的产品。高等级的产品在停止使用后，可以考虑降级使用。

4. 地域维发展。

产品在某些先进的地区和国家停止使用后，产品的各项指标仍在较落后的地区同类产品基准指标之上，可继续发展使用。

5. 用户维发展。

产品在不同层次的用户之间可实现其持续发展，可通过生产企业、分销商、回收公司或者用户实现直接交易，正在全球兴起的电子商务为其提供了便利。例如，消费者和消费者之间可通过电子商务 C－C 模式交易，实现产品的循环利用，延长使用时间。

3.3 产品级再使用价值分析

产品级再使用价值分析是指当停用的产品初步寻求到可能的发展模式，确认了下一步的服务对象和领域后，需要结合特定的用户群体或定位的市场进行使用价值分析，也就是，判定产品在该市场是否具有再使用价值，是否可用。

传统的回收级别判断是通过研究产品本身的拆卸回收成本、回收技术和工艺、环境影响和回收收益等因素确定产品的拆卸方式和回收级别，产品级再使用价值分析是对回收级别判断研究的扩展，是回收级别判断的一个重要部分，产品被停用后首先应该进行产品级再使用价值分析，如果确实没有再使用价值，再进行传统的回收级别判断。

产品被停止使用后，技术状态模糊，顾客对产品的功能和质量不了解，需要专家的参与和认定。产品级再使用价值确认分以下 4 个步骤进行。

步骤 1：组建产品再使用价值分析组。

由于停止使用后的产品技术状态模糊，所以需要技术专家的参与。有可能的话，专家组应该包括产品的前次使用者和维修过此产品部门的专家，产品再使用价值分析组应该由顾客群体和专家共同组成。这里的顾客要全面、均衡、科学地定义，均需要从以下几方面对顾客进行辨识：

顾客的社会属性，如职业、社会地位；

顾客的自然属性，如年龄、性别；

顾客的分类状况，如地理分布、职业分布；

顾客的消费状况，如当前的顾客、过去的顾客、潜在的顾客。

步骤2：子系统定界和数据采集。

产品级再使用系统是产品系统中一个子系统，用生命周期评价法（LCA）[105]对产品级再使用子系统进行定界，通过清单分析对产品直接再使用或维护后再使用的数据进行采集和预测，建立产品级再使用价值分析的数据库和知识库。价值分析准则主要结合专家的意见从消费者和环境的利益出发，所以因素的定界以消费者和环境影响为主选取，主要包括以下三个方面：

功能性因素（F）。功能性因素是产品使用的前提，主要有可操作性、可靠性、安全性、交货期、服务等指标。

绿色性因素（G）。它包括节省资源和能源、减少和消除对环境的污染，且对人类，特别指使用者具有良好保护三个方面的内容，主要有噪音、辐射性、排泄的污染物等指标。

经济性因素（E）。它主要有购买价格、使用成本、回收成本和收益等指标。

以上三类因素是专家和顾客对产品使用价值的测评因素。直接再使用或维护后可能达到的因素值的采集和预测以产品的使用阶段，即购买、使用到报废的数据为主，因此，从消费者的角度出发，定界产品级再使用子系统如图3-1所示。

步骤3：选择限定性基准。

选择测评产品的限定性标准，限定性标准是使产品称为可用产品的最低标准。限定性标准可以从国际标准、国家标准、环保部门标准、行业标准选择，另外，不仅要选择产品本身的

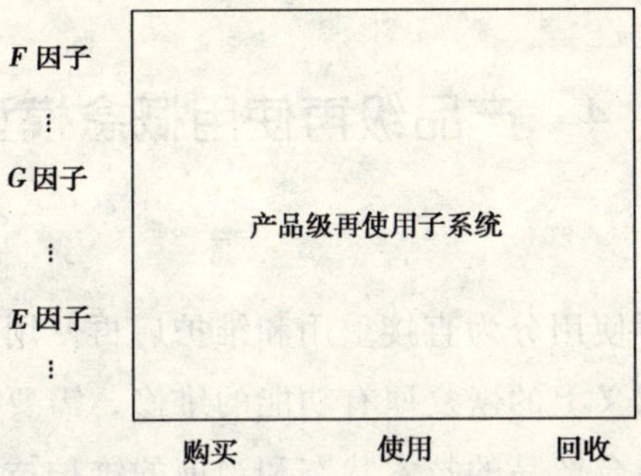

图 3－1　产品再使用子系统

标准，而且要选择产品使用标准、产品回收标准等。

在决策旧产品是否重用时，首先要判断旧产品本身或经过维护后，继续使用以及使用后回收是否符合从功能性、经济性到绿色性等所有限定性标准，只有满足这一条件才能成为可用产品。如果不符合任何一条该地域或行业的限定性基准，则产品不是该市场的可用产品，应该重新寻求新的发展方式或回收方案。限定性标准随着地域、行业等的不同而不同。

步骤 4：确定或预测综合指数。

如果产品可直接再使用，可参阅本书第七章给出的产品级再使用满意度分析法确定产品的再使用价值综合指数。产品的再使用价值是由产品级再使用满意度确定的，其实，产品的再使用价值综合指数就是产品级再使用满意度，顾客对产品从价格、功能等方面满意，说明产品在该市场具有再使用价值。

大部分停用后的产品需要按照再使用顾客的需求对产品进行维护，通过预测维护后可能达到的因素值和产品级再使用满意度分析法初步推测产品的再使用价值的综合指数，确认产品可再使用，然后再对其维护。

3.4 产品级再使用概念模型

产品级再使用分为直接重用和维护后再使用，这里的维护不同于传统意义上的恢复原有功能的维修，需要按照再使用顾客的需求并结合产品的技术状态和当前的维护技术对产品进行维护。所以，维护后再使用分为维护恢复原有功能后再使用、维护升级后再使用、维护降级后再使用。升级是指维护后所达到的功能综合指标值超过原有功能综合指标值，反之为降级。采用何种方式再使用，由产品第一次停止使用后技术状态、特征信息，并结合再使用所面对的服务领域和对象决定。

由此，可以建立产品级再使用的概念模型（见图 3－2）。

综上所述，我们可以初步给出产品级再使用的定义：

产品级再使用是指停用后的产品经回收级别判断后，可继续向用户维、任务维、等级维或地域维等寻求新的市场，整个产品直接投入再使用或维护后再使用。

3.5 小　结

1. 本章提出了停用的产品向用户维、任务维、等级维、地域维或由原来用户继续使用的五维发展模式，为如何延长可重用产品的使用寿命提供了理论指导依据。

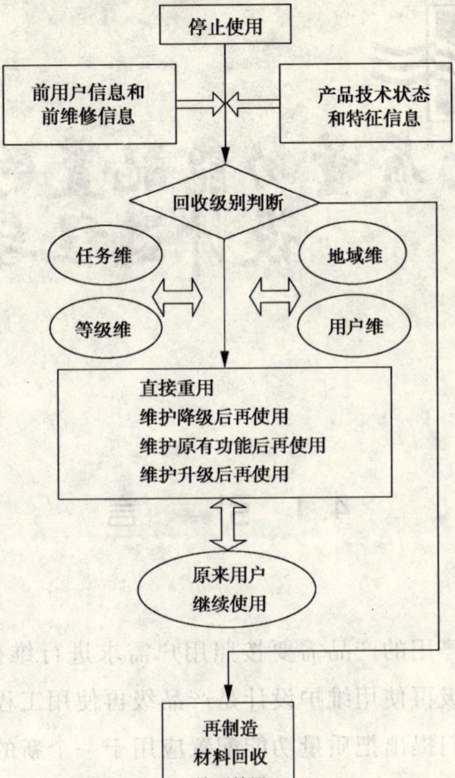

图 3－2 产品级再使用概念模型

2. 本章给出了产品再使用价值分析方法，指出产品被停用后首先应该进行产品级再使用价值分析，如果确实没有再使用价值，然后再进行传统的回收级别判断。

3. 本章给出了产品级再使用概念模型，初步形成了产品级再使用这种制造模式的定义。

4 基于质量功能配置的维护设计过程与建模

4.1 引　言

大多数停用的产品需要按照用户需求进行维护后再使用，因此，产品级再使用维护设计是产品级再使用工程中的重要研究内容。我们提出把质量功能配置应用于一个新的领域——产品级再使用维护设计，对基于质量功能配置产品级再使用的维护设计过程进行了研究，并结合应用对象对质量功能配置进行了方法创新。

质量功能配置的建模，即建立质量屋并确定质量屋中的各种参数，它直接影响到决策结果。现有的建模方法不适合产品级再使用维护设计质量屋中参数的确定，我们提出应用模糊综合评价法确定质量屋中的参数，进而针对模糊综合评价法的不足，建立模糊决策参数模型并确定质量屋中的参数。

4.2 基于质量功能配置产品级再使用的维护设计过程

在产品级再使用概念模型中，停用后的产品如经回收级别判断后可再使用，那么面对再使用用户，大多数产品需要按照再使用顾客需求进行维护，以满足和提高顾客对旧产品的满意度。这样，我们提出了使用质量功能配置的方法，对即将重用的产品进行维护设计。

4.2.1 质量功能配置

质量功能配置（Quality Function Deployment，QFD）于20世纪70年代起源于日本三菱重工的神户造船厂。为了应付大量的资金支出和严格的政府法规，神户造船厂的工程师们开发了一种称之为质量功能配置的上游质量保证技术，取得了很大的成功。他们用矩阵的形式将顾客需求和政府法规同如何实现这些要求的控制因素联系起来。该矩阵也显示每个控制因素的相对重要度，以保证把有限的资源优先配置到重要的项目中去。

20世纪70年代中期，QFD相继被其他日本公司所采用。丰田公司于70年代后期使用QFD取得了巨大的经济效益，新产品开发启动成本累计下降了61%，而开发周期下降了1/3。今天，在日本，QFD已成功应用于电子仪器、家用电器、服装、集成电路、合成橡胶、建筑设备和农业机械中。

福特公司于 1985 年在美国首先采用 QFD 方法。20 世纪 80 年代早期，福特公司面临着竞争全球化、劳工和投资资本日益增加、产品生命周期缩短、顾客期望率提高等严重问题，采用 QFD 方法使福特公司的产品市场占有率得到了改善。今天，在美国，许多公司都采用了 QFD 方法，包括惠普公司、通用汽车公司、克莱斯勒公司等。在汽车、家用电器、船舶、变速箱、涡轮机、印刷电路板、自动购货系统、软件开发等方面都有成功应用 QFD 的报道[110-113]。

目前，尚没有统一的质量功能配置的定义。但对 QFD 有如下共同认识[110]：

1. QFD 最为显著的特点是要求企业不断地倾听顾客的意见和需求，然后通过合适的方法和措施在开发的产品中体现这些需求。也就是说，QFD 是一种顾客驱动的产品开发方法。

2. QFD 是在实现顾客要求的过程中，帮助产品开发各个职能部门制订出各自的相关技术要求和措施，并使各职能部门协调工作的方法。

3. QFD 是一种在产品设计阶段进行质量保证的方法。

4. QFD 的目的是使产品以最快的速度、最低的成本和最优的质量占领市场。

一般认为，质量功能配置（QFD）是从质量保证的角度出发，通过一定的市场调查方法获取顾客需求，并采用矩阵图解法将对顾客需求的实现过程分解到产品开发的各个过程和各职能部门中去，通过协调各部门的工作以保证最终产品质量，使得设计和制造的产品能真正地满足顾客的需求。简单地说，

QFD 是一种顾客驱动的产品开发方法。

目前，关于 QFD 的研究主要集中于三个方面：（1）介绍 QFD 的功能和应用方法及软件开发[111-116]。（2）QFD 应用研究。QFD 不仅应用于产品开发，也广泛应用于产品的改进设计和诊断[117-122]，而且也应用于其他多目标决策问题[123-128]，如厂址选择问题等。（3）QFD 方法研究包括集成其他方法扩展和改进 QFD 方法[129-138]，如应用模糊线性回归或神经网络的方法确定质量屋中的关系数、数学优化问题结合确定目标值等。

4.2.2　基于质量功能配置产品级再使用维护设计过程

受现有 QFD 研究成果的启发，我们把 QFD 应用于一个新的领域——产品级再使用的维护设计，建立基于质量功能配置产品级再使用维护设计过程。

首先，调查和分析顾客需求。顾客需求是质量功能配置的最基本的输入。顾客需求的获取是质量功能配置过程中最为关键也是最为困难的一步。要通过各种市场调查方法和各种渠道搜集顾客需求，然后进行汇集、分类和整理，对于用过的产品，必须集合产品的技术状态和当前的维修技术确定可维护的顾客需求，并用权重来表示顾客需求的相对重要度。

然后，进行顾客需求的瀑布式分解。分解要采用矩阵（也称为质量屋）的形式，将顾客需求逐步展开，分层地转换为产品特性改进需求、部件维护需求、维护工艺特性和质量控制方法。在展开过程中，上一步的输出就是下一步的输入，构成瀑布式分解过程，QFD 从可维护的顾客需求开始，经过四个阶段即四步分解，用四个矩阵，得出产品的维护工艺和质量控制参数，如图 4－1 所示。

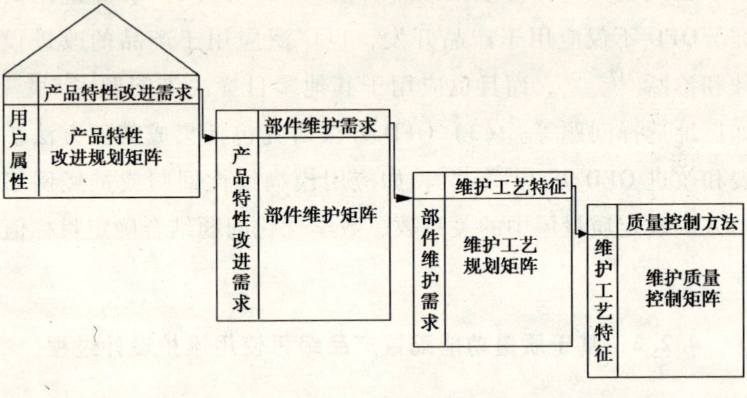

图 4－1　基于 QFD 的产品级再使用维护设计瀑布式分解过程

这四个阶段是：

1. 产品特性改进规划阶段。

在此，称可维护的顾客需求为用户属性，可维护的工程特性为产品特性。通过产品特性改进规划矩阵，也称质量屋 1（House of Quality 1，HoQ_1），将用户属性转换为产品特性改进需求（最终产品特征），确定各个产品特性改进目标值。

2. 部件维护规划阶段。

利用前一阶段定义的产品特性改进需求，并通过部件维护矩阵 HoQ_2 确定部件维护方案。

3. 维护工艺规划阶段。

通过维护工艺规划矩阵 HoQ_3，确定为保证实现关键的产品特性和部件特性所必须保证的维修工艺参数。

4. 质量控制规划阶段。

通过质量控制矩阵 HoQ_4 将关键部件特征和工艺参数转为具体的质量控制方法。

4.2.3 产品特性改进规划过程

以产品级再使用维护设计瀑布式分解过程第一个阶段为例，产品级再使用维护设计前要运用市场调查技术和各种分析工具，收集必要的产品特征信息和再使用用户信息，建立产品特性改进规划质量屋。

1. 根据顾客需求确定可维护的需求属性，用户对产品的某些需求属性，如结构尺寸客观上已不可改变，因此必须结合产品的技术状态选择可维护的用户需求，并确定可维护的用户属性权重。

2. 确定与可维护的用户属性相关的可维护的产品特性。

3. 建立用户属性—产品特性的关系矩阵和产品特性自相关矩阵，确定产品特性的权重和维护重要度系数。

4. 建立产品特性改进矩阵，比如技术人员根据产品的技术状态和当前的维护技术确定产品特性当前值和可能维护的最优值，改进产品特性的成本系数，研究每个产品特性值的改进方案，确定用户对某些产品特性值的改进最低要求等。

图 4－2 为维护设计 QFD 的一个例子，即水泵再使用维护设计的质量屋（HoQ_1）。图中上部为产品特性自相关矩阵，中部为用户属性和产品特性的相关矩阵以及用户属性和产品特性的权重，下部为产品特性改进矩阵。

在建立质量屋之后再进行质量屋决策，即设定产品特性改进值。这是一个复杂的多目标、多变量决策，需要权衡质量屋内的各种矛盾[129]，因而有必要建立数学规划模型，帮助维护人员进行优化设计。基于质量屋的产品级再使用维护设计过程如图 4－3 所示。

产品特性		水密性	耗电率	润滑状况	可靠性	再使用寿命
水密性		1	0	0	0	0.11
耗电率		0	1	0.11	0	0
润滑状况		0	0.11	1	0	0
可靠性		0	0	0	1	0
再使用寿命		0.11	0	0	0	1
用户属性	权重	81	72	50	63	45
水密性好	9	9	0	0	0	0
能耗低	8	0	9	3	0	0
安全可靠	7	0	0	3	9	0
使用寿命长	5	0	0	1	0	9
单位		0－1	KW－h	0－1	%	h
当前特性值		0.51	3	0.42	97	2100
计划最优值		0.90	2.7	0.93	99	2400
成本系数		0.21	0.28	0.09	0.25	0.32

图 4－2　水泵再使用维护设计的质量屋

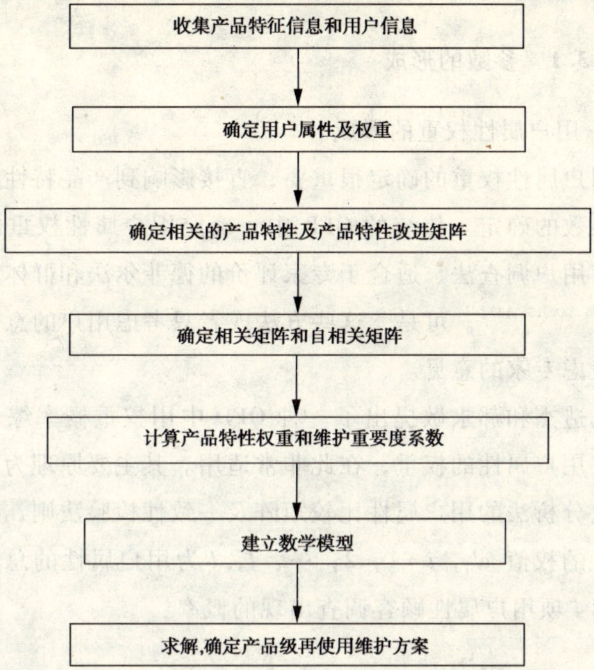

图 4－3 基于质量屋的产品级再使用维护设计过程

4.3 质量屋中参数的确定

在产品特性改进规划设计质量屋中，基本参数是用户属性的权重、用户属性和产品特性之间的相关系数、产品特性间的自相关系数。产品特性的权重和维护重要度系数是由这些参数形成的，因此关键因素是确定基本参数。这些数据的准确性和客观性直接影响到每个产品特性的维护目标值的设定。

4.3.1 参数的形成

1. 用户属性权重的形成。

用户属性权重的确定很重要，直接影响到产品特性维护重要度系数的确定。传统的 QFD 中，确定用户属性权重的方法主要有用户调查法、适合于专家评价的德菲尔法和群体层次分析法[111,118,136,137]。可是，这些方法或者只考虑用户的意见，或者只考虑专家的意见。

孔造杰和郝永敬提出了一种 QFD 中用权重概率综合系数法确定用户属性的权重，在此非常适用。其主要原理为专家通过层次分析法的用户属性比较矩阵及一致性检验法则，确定用户属性的权值 w'_i，$i=1, 2, \cdots, I$，I 为用户属性的总数，令 p_i 为第 i 项用户属性顾客调查出现的概率：

$$p_i = \zeta_i / \sum_{i=1}^{I} \zeta_i \tag{4-1}$$

式中 ζ_i 为第 i 项用户属性顾客调查出现的频数。

专家组用层次分析法确定的用户属性的 w'_i 和其先验概率 p_i 的乘积的平方根值进行归一化处理得到第 i 项用户属性的权重：

$$w'_i = \frac{\sqrt{w'_i p_i}}{\sum_{i=1}^{I} \sqrt{w'_i p_i}} \tag{4-2}$$

基于产品级再使用维护设计构建的质量屋，由于停用后产品技术状态的模糊性，顾客对产品的不了解，只能从使用的角度对可维护的用户属性作出孰重孰轻的选择，从维护的重要度来讲，必须参考相关专家的意见。

权重概率综合系数法即考虑了专家组的意见，又充分利用了市场调研数据所得出的先验概率信息。这种方法的基本思想非常适合基于 QFD 的维护设计中的用户属性权重的确定，专家组对停用后产品的技术状态有较好的了解，对每一项用户属性维护的重要度能作出较合理的判断，而用户从使用的角度选择重要的用户属性，但是层次分析法在维数较大时，会出现比较判断的不一致性，随着相互比较次数的增多，思维会变得混浊而作出不合理的判断数。所以笔者对权重概率综合系数法做了改进，提出专家权重—用户概率系数法，以更适应于产品级再使用维护设计的用户属性权重的确定。

专家在本节提出的模糊决策参数法确定用户属性权重，专家确定的用户属性权重 w'_i 和其先验概率 p_i 进行加权和归一化处理得出：

$$w_i = \alpha w'_i + (1-\alpha) p_i \tag{4-3}$$

式中 α 为权重评价影响因子，$0 \leqslant \alpha \leqslant 1$。

采用综合专家和用户意见的公式（4－3）相对于公式(4－2)的优点是根据不同的情况选择权重评价影响因子，反映专家和用户的影响度。

2. 产品特性的权重和维护重要度系数的形成。

设第 i 项用户属性和第 j 项产品特性之间的关系数为 r_{ij}，其中 $i=1, 2, \cdots, I$，$j=1, 2, \cdots, J$，I 和 J 分别为质量屋中用户属性和产品特性的总数，第 j 项产品特性的权重 I'_{mj} 为：

$$I'_{mj} = \sum_{i=1}^{I} w_i r_{ij} \tag{4-4}$$

式中 w_i 为第 i 项用户属性的权重。

将上式进行归一化处理得：

$$I'_{mj} = \frac{I'_{mj}}{\sum_{j=1}^{J} I'_{mj}} \tag{4-5}$$

由于产品特性间存在相互影响的关系，产品特性的维护重要度系数不仅与自身权重有关，还和其他与之相关的产品特性权重和关系数相关[119]，即

$$I_{mj} = I'_{mj} + \sum_{\substack{k=1 \\ k \neq j}}^{J} I'_{mj} p_{jk} = \sum_{k=1}^{J} I'_{mj} p_{jk} \tag{4-6}$$

式中 p_{jk} 为第 j 项产品特性和第 k 项产品特性之间的关系数，设自相关系数为 1，即 $p_{jj}=1$。

由此可见，产品特性的维护重要度系数是由用户属性的权重、用户属性与产品特性的相关系数和产品特性间的自相关系数确定的。

4.3.2 应用传统的模糊综合评价确定参数

模糊综合评价是应用模糊数学的理论与方法，来帮助人们进行多因素决策与选优方法，它在计算机软件工程、软科学的研究以及工程设计方面均得到了广泛的应用。模糊综合评价理论较好地处理了决策中的模糊性信息，因而，它是一种应用十分广泛的模糊决策方法[139]。我们提出专家组应用模糊综合评价方法来确定质量屋中的这些参数：用户属性的权重、用户属性与产品特性的相关系数和产品特性间的自相关系数，以充分利用专家的测评信息，提高决策的准确性和可信度。

1. 专家用模糊综合评价方法确定用户属性的权重。

设有 K 个专家同时参与用户属性权重的测评，即有专家集：

$EXP = \{exp_1, exp_2, \cdots, exp_K\}$

与专家相对应，根据各位专家的专家背景与权威性，同时还设 K 个专家的权重分配为：

$E = (e_1, e_2, \cdots, e_K)$

其中，exp_k（$k=1, 2, \cdots, K$）和 e_k（$k=1, 2, \cdots, K$）分别为其中的一个测评专家和该测评专家的权重系数，$\sum_{k=1}^{K} e_k = 1$，$0 \leqslant e_k \leqslant 1$。

采用一般用的有 9 个评语组成的评语集，即如下评语集：

$V = (v_1, v_2, \cdots, v_9) = (1,2,3,4,5,6,7,8,9)$

它们所对应的模糊语义如表 4－1 所示。

表 4－1　　权重评语和对应的模糊语义

评语	模糊语义
1	一般
3	略重要
5	较重要
7	非常重要
9	绝对重要
2，4，6，8	为以上两语义之间的中间状态的评语

首先，专家评分。

专家给出用户属性隶属于 9 个评语的隶属度，这个隶属度是[0，1]之间的一个实数，对第 i 项用户属性来说，构成了一

个由 K 个专家所给该用户属性的评语矩阵 R_i：

$$R_i = \begin{pmatrix} r_{11} & r_{12} & \cdots & r_{19} \\ r_{21} & r_{22} & \cdots & r_{29} \\ \cdots & \cdots & \cdots & \cdots \\ r_{K1} & r_{K2} & \cdots & r_{K9} \end{pmatrix}$$

综合 K 个专家对第 i 项用户属性的评语：

$$U_i = E \circ R_i = (u_1, u_2, \cdots, u_9) \tag{4-7}$$

合成运算"∘"选择 M（·，+）的模型计算，即：

$$u_m = \sum_{k=1}^{K} e_k r_{km} \tag{4-8}$$

式中 u_m 为 K 个专家对第 i 项用户属性每个评语的加权隶属度，$m = 1, 2, \cdots, 9$。

该模型不仅考虑了所有专家的影响，而且保留了每个评语评判的全部信息。

然后，对模糊集 $\underset{\sim}{U_i}$ 清晰化。

同物体的重心反映了重量集中的地方一样，采用模糊集 $\underset{\sim}{U_i}$ 的重心刻画模糊集的隶属度在评语集内集中的地方[140]，因此，用模糊集的重心来刻画专家对第 i 项用户属性的评价，即

$$w'_i = \frac{\sum_{m=1}^{9} u_m v_m}{\sum_{m=1}^{9} u_m} \tag{4-9}$$

对 w'_i 进行归一化处理得：$w'_i = \dfrac{w'_i}{\sum_{i=1}^{I} w'_i}$

2. 相关系数的确定。

目前质量屋中关系数的确定方法主要有[111]：

在传统的 QFD 应用中，用一种主观系数法，比如用序数 1、3、9 表示弱相关、中相关、强相关的关系，这种方法很容易被理解和应用，但这样一种序数不能准确反映属性之间的关系，显得有些武断。

如果有可能获得市场调研数据，如线性回归和模糊线性回归、人工神经网络等，那么我们可用其来计算属性之间的关系数。但是市场调研数据必须真实可靠，需要有一定的数据量，可见这种方法数据收集成本较高。

当用户属性可通过实验客观地测量得到，实验设计和田口方法可帮助建立属性间的关系。如果有先验的属性之间的关系那么仿真也可用来确定属性间的关系。

对于产品级再使用维护设计，要确定用户属性和产品特性之间关系、产品特性间相互关系。一方面要考虑属性间固有的关系，另一方面需结合停用后产品的技术状态确定维护方式，维护方式也影响到关系数的确定。因此，即使有市场调研数据，也不适合在此应用，通过实验和田口方法可获得属性之间的关系数，但此方法成本太高，而停用后产品的市场竞争力主要在于价格低。采用传统的序数序列，是不能客观地反映它们之间的关系的，譬如用传统级数 0—1—3—9 表示用户属性和产品特性间的不相关、弱相关、中相关和强相关关系，用级数 0— ±1— ±3—9 表示产品特性间的不相关、弱正负相关、强正负相关和自相关关系，中相关用 3 表示，和强相关 9 相差 6，和不相关 0 相差 3，客观上不能表示中的关系。

我们提出应用模糊综合评价的方法来确定属性之间的关系数，充分利用专家对停用后产品的技术知识，提高产品特性维护重要度系数确定的准确性和可靠度。

设有 K 个专家同时参与用户属性与产品特性之间关系数的测评，即有专家集 $\mathrm{EXP}=\{\exp_1,\exp_2,\cdots,\exp_K\}$ 与专家相对应，根据各位专家的专业背景与权威性，同时还设 K 个专家的权重分配为 $E=(e_1,e_2,\cdots,e_K)$。

其中，$\exp_k(k=1,2,\cdots,K)$、$e_k(k=1,2,\cdots,K)$ 分别为一个测评专家和该测评专家的权重系数，$\sum_{k=1}^{K} e_k=1, 0\leqslant e_k\leqslant 1$。

采用有 11 个评语组成的评语集，为了减少计算的偏差，和用户属性的权重保持一致的取值范围，评语值取值在［0，1］范围内，如下评语集：

$V=(v_1, v_2, \cdots, v_{11})=(0, 0.1, 0.2, 0.3, 0.4, 0.5, 0.6, 0.7, 0.8, 0.9, 1)$

该评语集所对应的模糊语义如表 4－2 所示。

表 4－2　相关关系评语和对应的模糊语义

评语	模糊语义
0	无关
0.2	弱相关
0.4	较中相关
0.6	较强相关
0.8	非常强相关
1	绝对强相关
0.1，0.3，0.5，0.7，0.9	为以上两语义之间的中间状态的评语

（1）专家评分。专家给顾客属性和产品特性之间关系隶属于11个评语的隶属度。这个隶属度是［0，1］之间的一个实数，对第 i 项用户属性与第 j 项产品特性之间的关系来说，构成了一个由 K 个专家所给该关系数的评语矩阵 $\underset{\sim}{R}_{ij}$。

$$\underset{\sim}{R}_{ij} = \begin{pmatrix} r_{11} & r_{12} & \cdots & r_{111} \\ r_{21} & r_{22} & \cdots & r_{211} \\ \cdots & \cdots & \cdots & \cdots \\ r_{K1} & r_{K2} & \cdots & r_{K11} \end{pmatrix}$$

综合 K 个专家对第 i 项顾客属性与第 j 项产品特性之间的关系的评语：

$$\underset{\sim}{U}_i = E \circ \underset{\sim}{R}_{ij} = (u_1, u_2, \cdots, u_{11}) \tag{4-10}$$

合成运算"∘"选择 M(·, +)的模型计算，即

$$u_m = \sum_{k=1}^{K} e_k r_{km} \tag{4-11}$$

式中 u_m 为 K 个专家对第 i 项用户属性与第 j 项产品特性之间的关系评语的加权隶属度，$m=1, 2, \cdots, 11$。

（2）对模糊集 $\underset{\sim}{U}_i$ 清晰化。同理，用模糊集的重心来刻画专家对第 i 项用户属性与第 j 项产品特性之间的关系的评价，即

$$r_{ij} = \frac{\sum_{m=1}^{11} u_m v_m}{\sum_{m=1}^{11} u_m} \tag{4-12}$$

3. 自相关系数的确定。

设有 K 个专家同时参与产品特性之间关系数的测评，即有专家集 $EXP = \{exp_1, exp_2, \cdots, exp_K\}$ 与专家相对应。根据

各位专家的专业背景与权威性，同时还设 K 个专家的权重分配为 $E=(e_1,e_2,\cdots,e_K)$。

其中，$\exp_k$（$k=1,2,\cdots,K$）、e_k（$k=1,2,\cdots,K$）分别为其中的一个测评专家和该测评专家的权重系数，$\sum_{k=1}^{K} e_k=1, 0\leqslant e_k\leqslant 1$。

这里采用 19 个评语组成的评语集，为了减少计算的偏差，和用户属性的权重保持一致的取值范围，评语值取值在 $(-0.9, 0.9)$ 范围内，如下评语集：

$$V=(v_1,v_2,\cdots,v_{19})=(-0.9,-0.8,-0.7,-0.6,-0.5,-0.4,-0.3,-0.2,-0.1,0,0.1,0.2,0.3,0.4,0.5,0.6,0.7,0.8,0.9)$$

该评语集所对应的模糊语义如表 4－3 所示。

表 4－3　　相关关系评语和对应的模糊语义

评语	模糊语义
0	无关
±0.2	正负弱相关
±0.4	正负较中相关
±0.6	正负较强相关
±0.8	正负非常强相关
1	自相关（不参评）
±0.1，±0.3，±0.5，±0.7，±0.9	为以上两语义之间的中间状态的评语

（1）专家评分。专家给产品特性之间关系隶属于 19 个评语的隶属度。这个隶属度是［0，1］之间的一个实数，对第 j 项产品特性与第 k 项产品特性之间的关系来说，构成了一个 K

个专家所给该关系数的评语矩阵$\underset{\sim}{R}_{jk}$。

$$\underset{\sim}{R}_{jk}=\begin{pmatrix} r_{11} & r_{12} & \cdots & r_{119} \\ r_{21} & r_{22} & \cdots & r_{219} \\ \cdots & \cdots & \cdots & \cdots \\ r_{K1} & r_{K2} & \cdots & r_{K19} \end{pmatrix}$$

综合 K 个专家对第 j 项产品特性与第 k 项产品特性之间的关系的评语：

$$\underset{\sim}{U}_i=E\circ\underset{\sim}{R}_{jk}=(u_1,\ u_2,\ \cdots,\ u_{19}) \tag{4-13}$$

合成运算"∘"选择 M(·,+)的模型计算，即

$$u_m=\sum_{k=1}^{K}e_k r_{km} \tag{4-14}$$

式中，u_m（$m=1$，2，…，19）为 K 个专家对第 j 项产品特性与第 k 项产品特性之间的关系每个评语的加权隶属度。

（2）对模糊集$\underset{\sim}{U}_i$清晰化。用模糊集的重心来刻画专家对第 j 项产品特性与第 k 项产品特性之间的关系评价，即

$$p_{jk}=\frac{\sum_{m=1}^{19}u_m v_m}{\sum_{m=1}^{19}u_m} \tag{4-15}$$

4.4　模糊决策参数模型和算法

上节提出用模糊综合评价决定质量功能配置中用户属性的

权重、用户属性与产品特性之间的关系数和产品特性之间的关系数，是一种成本较低而且充分利用专家智能的方法。但是，在决策每项权重和关系数时，每个专家必须给出每个评语的隶属度，如1—9或0—1，可能互相之间的判断会出现偏颇，可操作性差。为了进一步提高决策的准确度和可操作性，我们提出模糊决策参数模型和算法。

4.4.1　模糊决策参数模型和算法

对于一些对象的性质，也就是语言变量 N，譬如产品的绿色性、用户属性的重要度和产品特性间的相关性等，通常能较容易地给出这样的一些模糊语言值，如“差、较差、一般、较好和好”的判断，用符号 $\underset{\sim}{T_1}(N)$ 表示[141]。在0—1的论域内，选怎样的一个评语作为这些模糊语言值的描述呢？现有的方法用评语集（0，0.25，0.5，0.75，1）代表这些模糊语言值，比如较差所对应的评语为0.25。

但是，对于某一特定的对象的性质，譬如某产品的绿色性，评语为较差，在0—1论域内，它所对应的评语不一定是0.25，可能是0.22、0.35或别的0.25邻域内的数，因此，我们选择模糊集来描述模糊语言，即 $\underset{\sim}{T_{1i}}(N)=(T_{21}(N),T_{22}(N),T_{23}(N),\cdots)$。

如图4-4所示，$\underset{\sim}{T_{11}}(N)$、$\underset{\sim}{T_{12}}(N)$、$\underset{\sim}{T_{13}}(N)$、$\underset{\sim}{T_{14}}(N)$、$\underset{\sim}{T_{15}}(N)$ 分别表示级别不断增加的语言值，如之前提到的“差、较差、一般、较好、好”或者“弱、较弱、一般、较强、强”等。它们对应的模糊集规定为：

$$\underset{\sim}{T_{11}}(N)=(0,0.125,0.25)$$

$\underset{\sim}{T}_{12}(N)=(0,0.125,0.25,0.375,0.5)$

$\underset{\sim}{T}_{13}(N)=(0.25,0.375,0.5,0.625,0.75)$

$\underset{\sim}{T}_{14}(N)=(0.5,0.625,0.75,0.875,1)$

$\underset{\sim}{T}_{15}(N)=(0.75,0.875,1)$

模糊集内的每个元素对应一个隶属度，即$\underset{\sim}{T}_{1i}(N)=(T_{21}(N)/u_1, T_{22}(N)/u_2, T_{23}(N)/u_3,\cdots)$，因此得到：

$\underset{\sim}{T}_{11}(N)=(0/u_1,0.125/u_2,0.25/u_3)$

$\underset{\sim}{T}_{12}(N)=(0/u_1,0.125/u_2,0.25/u_3,0.375/u_4,0.5/u_5)$

$\underset{\sim}{T}_{13}(N)=(0.25/u_1,0.375/u_2,0.5/u_3,0.625/u_4,0.75/u_5)$

$\underset{\sim}{T}_{14}(N)=(0.5/u_1,0.625/u_2,0.75/u_3,0.875/u_4,1/u_5)$

$\underset{\sim}{T}_{15}(N)=(0.75/u_1,0.875/u_2,1/u_3)$

同理，用模糊集的重心来确定语言变量 N 的值：

$$N=\frac{\sum u_j T_{2j}(N)}{\sum u_j} \tag{4-16}$$

式中 u_j 为综合各位参评专家给 T_{2j} （N） 隶属度的加权值。由此，我们进行了如下规定：

语法规则 1：首先把$\underset{\sim}{T}_1(N)$视为 0, 1 变量，$\sum_{i=1}^{5} \underset{\sim}{T}_{1i}(N)=1$，即权威专家在 5 个语言值中必须而且只能选取一个语言值。

语法规则 2：参评专家给出对应于该语言值的模糊集中每个元素的评语，即隶属度，构成矩阵 R。设 K 个专家的权重分配为向量 E，隶属度向量 $U=ER$，得到模糊集$\underset{\sim}{T}_{1i}(N)$。

综上所述，模糊决策参数的算法步骤为：

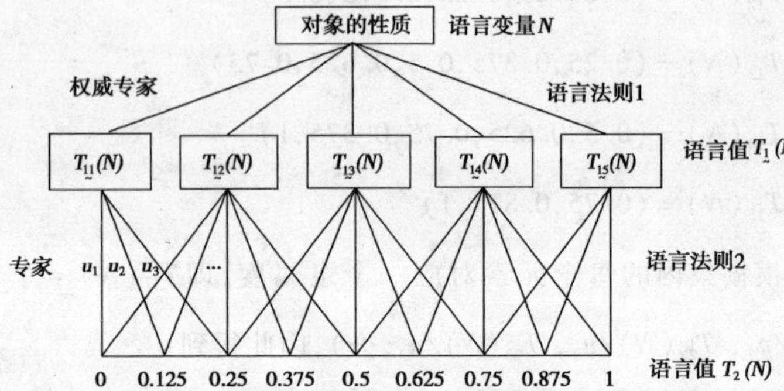

图 4－4　模糊决策参数模型

步骤 1： 设置语言变量 N。

步骤 2： 由权威专家按照语法规则 1 选取一个语言值 $\underset{\sim}{T}_{1i}(N)$。

步骤 3： K 个专家给出对应于该语言值的模糊集中每个元素的评语，按照语法规则 2 得到模糊集 $\underset{\sim}{T}_{1i}(N)$。

步骤 4： 由式（4－16）计算语言变量 N 的值。

4.4.2　模型的应用

把模糊决策参数模型应用于质量功能配置中用户属性权重的确定，如图 4－5 所示。权威专家按照语法规则 1 指定用户属性的重要度，语言值论域按常规确定为 1—9，参评专家按照语言法则 2 综合评价出用户属性的重要度，归一化处理后，再按上文给出的式（4－3）计算，得到用户属性的权重。

把模糊决策参数模型应用于质量功能配置中用户属性和产品特性之间关系数的确定，如图 4－6，权威专家按照语法规则 1 指定相关性。为了减少计算的偏差，和用户属性权重的范

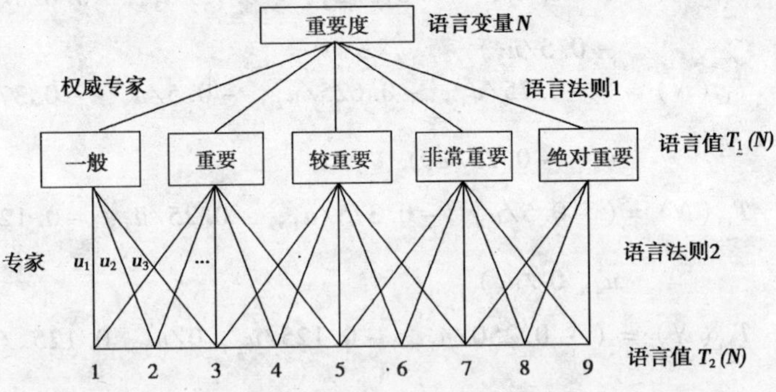

图 4-5 模糊决策用户权重模型

围保持一致性，语言值的论域确定为 0—1，由参评专家按照语言法则 2 综合评价出用户属性与产品特性之间的关系数。

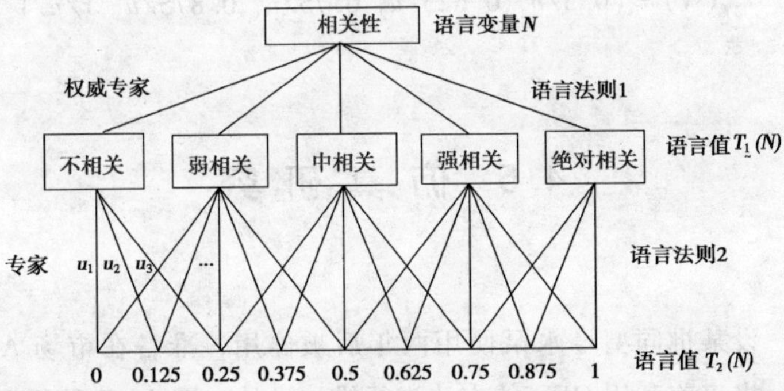

图 4-6 模糊决策相关系数模型

把模糊决策参数模型应用于质量功能配置中产品特性间关系数的确定，和图 4-6 所示模型不同的是自相关为绝对相关，关系数为 1，不参评，语言值的论域确定为 -1—1。

语言值 $\underset{\sim}{T_1}$ (N) =（负强相关，负中相关，负弱相关，不相关，弱相关，正中相关，正强相关）

$$\underset{\sim}{T}_{11}(N)=(-1/u_1,\ -0.875/u_2,\ -0.75/u_3,\ -0.625/u_4,\ -0.5/u_5)$$

$$\underset{\sim}{T}_{12}(N)=(-0.75/u_1,\ -0.625/u_2,\ -0.5/u_3,\ -0.375/u_4,\ -0.25/u_5)$$

$$\underset{\sim}{T}_{13}(N)=(-0.5/u_1,\ -0.375/u_2,\ -0.25/u_3,\ -0.125/u_4,\ 0/u_5)$$

$$\underset{\sim}{T}_{14}(N)=(-0.250/u_1,\ -0.125/u_2,\ 0/u_3,\ 0.125/u_4,\ 0.25/u_5)$$

$$\underset{\sim}{T}_{15}(N)=(0/u_1, 0.125/u_2, 0.25/u_3, 0.375/u_4, 0.5/u_5)$$

$$\underset{\sim}{T}_{16}(N)=(0.25/u_1, 0.375/u_2, 0.5/u_3, 0.625/u_4, 0.75/u_5)$$

$$\underset{\sim}{T}_{17}(N)=(0.5/u_1, 0.625/u_2, 0.75/u_3, 0.875/u_4, 1/u_5)$$

4.5 仿真研究

设某批同型号水泵使用两年后被停用，准备在市场 A 出售，出售前利用 QFD 的方法进行维护设计，图 4－7 是所调查的水泵用户需求层次结构，技术人员认为外形尺寸和可维修性客观上已不可改变，选择可维护用户属性（见图 4－7 加 * 者），除价格要求外，其余的用户属性给予标号 $A_{C1}-A_{C6}$，配置必须维护的产品特性为：水密性、扬程变化范围、最大噪音、润滑状况、耗电率、可靠性和再使用寿命。我们将其分别给予标号 $C_{p1}-C_{p7}$。现在，可建立水泵维护设计规划质量屋

(见图 4－8)：产品特性间相关矩阵（上部）和用户需求—产品特性相关矩阵（下部）。

功能要求	结构	外形尺寸小
		水密性好 *
	性能	扬程变化小 *
		噪音低 *
经济性		价格低 *
		能耗低 *
可靠性		安全可靠 *
		使用寿命长 *
维修性		维修方便

图 4－7 水泵用户需求层次结构

用专家权重—用户概率系数法确定用户属性的权重，专家确定权重采用上文提出的模糊决策参数方法。

对于用户属性水密性好（A_{C1}），权威专家按语法规则 1 指出绝对重要，无论从使用角度，还是从当前维修的角度，对应的模糊集为：

$$\underset{\sim}{T_{15}}(N)=(7/u_1,8/u_2,9/u_3)$$

	特性	C_{P1}	C_{P2}	C_{P3}	C_{P4}	C_{P5}	C_{P6}	C_{P7}
	C_{P1}	1	0	0	0	0	0.11	0
	C_{P2}	0	1	-0.11	0	0	0	0
	C_{P3}	0	-0.11	1	0.11	0	0	0
	C_{P4}	0	0	0.11	1	0	0	0
	C_{P5}	0	0	0	0	1	0	0
	C_{P6}	0.11	0	0	0	0	1	0
	C_{P7}	0	0	0	0	0	0	1
属性	权重	0.25	0.13	0.05	0.14	0.17	0.15	0.11
A_{C1}	0.235	1	0	0	0	0	0	0
A_{C2}	0.155	0	1	0	0	0	0	0
A_{C3}	0.07	0	0.11	1	1	0	0	0
A_{C4}	0.21	0	0	0	0.33	1	0	0
A_{C5}	0.19	0.33	0	0	0.11	0	1	0
A_{C6}	0.14	0.11	0	0	0.11	0	0	1

图 4-8 水泵再使用维护设计质量屋

5 个参评专家的权威性权重为 $E=(0.14, 0.30, 0.18, 0.21, 0.17)$，则该模糊集的评语矩阵为：

$$\underset{\sim}{R}=\begin{pmatrix}0.12 & 0.39 & 0.89\\ 0.00 & 0.45 & 0.98\\ 0.12 & 0.31 & 0.87\\ 0.05 & 0.17 & 0.69\\ 0.10 & 0.35 & 0.97\end{pmatrix}$$

$\underset{\sim}{U} = E\underset{\sim}{R} = (0.07, 0.34, 0.89)$

$$N = \frac{\sum u_j T_{2j}(N)}{\sum u_j} = 8.63$$

进而，可评价出其他用户属性的权重，具体过程如上，结果为：

$W' = (8.63, 6.12, 2.78, 8.23, 7.12, 4.57)^{T}$

归一化为 $W' = (0.23, 0.16, 0.08, 0.22, 0.19, 0.12)^{T}$。

假若对市场 A 的 200 名顾客调查，调查结果见表 4－4。

表 4－4　　用户调查结果

顾客属性	水密性好	扬程变化小	噪音低	能耗低	安全可靠	使用寿命长
出现频数	173	108	43	144	137	115

计算的概率向量为：

$P = (0.24 \quad 0.15 \quad 0.06 \quad 0.20 \quad 0.19 \quad 0.16)^{T}$

综合专家和用户的意见，取 $\alpha = 0.5$，计算用户属性的综合权重为：

$W = (0.235 \quad 0.155 \quad 0.07 \quad 0.21 \quad 0.19 \quad 0.14)^{T}$

用传统级数 0—1—3—9 表示顾客属性和产品特性间的“不相关、弱相关、中相关、强相关”关系，用级数 0—±1—±3—9 表示产品特性间的“弱正负相关、强正负相关、自相关”关系。为了和用户属性的权重范围保持一致，把原级数分别变为 0—0.11—0.33—1 和 0—±0.11—±0.33—1，表示意义不变。按式（4－4）计算的产品特性权重归一化后如图 4－8所示，由产品特性的权重和自相关矩阵按式（4－6）计算的产品特性维护重要度系数向量为：

$$I_m = (0.27, 0.12, 0.05, 0.15, 0.17, 0.18, 0.11)$$

	特性	C_{P1}	C_{P2}	C_{P3}	C_{P4}	C_{P5}	C_{P6}	C_{P7}
	C_{P1}	1	0	0	0	0	0.25	0
	C_{P2}	0	1	-0.25	0	0	0	0
	C_{P3}	0	-0.25	1	0.25	0	0	0
	C_{P4}	0	0	0.25	1	0	0	0
	C_{P5}	0	0	0	0	1	0	0
	C_{P6}	0.25	0	0	0	0	1	0
	C_{P7}	0	0	0	0	0	0	1
属性	权重	0.25	0.13	0.05	0.14	0.17	0.15	0.11
A_{C1}	0.235	1	0	0	0	0	0	0
A_{C2}	0.155	0	1	0	0	0	0	0
A_{C3}	0.07	0	0.25	1	0.75	0	0	0
A_{C4}	0.21	0	0	0	0.50	1	0	0
A_{C5}	0.19	0.50	0	0	0.25	0	1	0
A_{C6}	0.14	0.25	0	0	0.25	0	0	1

图 4-9　水泵再使用维护设计质量屋

用模糊决策参数法确定用户属性和产品特性之间的关系数与产品特性间的关系数。首先由权威专家按语法规则 1 指定它们之间的关系，如图 4－9 所示，在关系矩阵中分别用 0—0.25—0.5—0.75—1表示“不相关、弱相关、中相关、强相关和绝对相关”，在自相关矩阵中分别用 0—±0.25—±0.5—±0.75—1表示“不相关、正负弱相关、正负中相关、正负强相关和自相关”。然后建立相应的模糊集，由参评专家利用语言法则 2 评价每个关系数。

如对于用户属性噪音低和产品特性扬程变化范围，权威专家指定它们的关系为弱相关，在图中用 0.25 表示，相对应的模糊集的为：

$$\underset{\sim}{T}_{12}(N)=(0/u_1,0.125/u_2,0.25/u_3,0.375/u_4,0.5/u_5)$$

5 个参评专家的权威性权重为 $E=(0.14,\ 0.30,0.18,0.21,0.17)$，给该模糊集的评语矩阵为：

$$\underset{\sim}{R}=\begin{pmatrix} 0 & 0.67 & 0.56 & 0.12 & 0 \\ 0 & 0.78 & 0.45 & 0.07 & 0 \\ 0.10 & 0.85 & 0.23 & 0 & 0 \\ 0 & 0.56 & 0.90 & 0.23 & 0.11 \\ 0 & 0.67 & 0.80 & 0.21 & 0.08 \end{pmatrix}$$

$$\underset{\sim}{U}=E\underset{\sim}{R}=(0.02\ 0.71\ 0.58\ 0.12\ 0.04)$$

$$N=\frac{\sum u_j T_{2j}(N)}{\sum u_j}=0.20$$

同理，可得出其他关系数，列入图 4－10 中。

	特性	C_{P1}	C_{P2}	C_{P3}	C_{P4}	C_{P5}	C_{P6}	C_{P7}
	C_{P1}	1	0	0	0	0	0.07	0
	C_{P2}	0	1	-0.20	0	0	0	0
	C_{P3}	0	-0.20	1	0.10	0	0	0
	C_{P4}	0	0	0.10	1	0	0	0
	C_{P5}	0	0	0	0	1	0	0
	C_{P6}	0.07	0	0	0	0	1	0
	C_{P7}	0	0	0	0	0	0	1
需求	权重	0.28	0.12	0.05	0.16	0.15	0.14	0.10
A_{C1}	0.235	1	0	0	0	0	0	0
A_{C2}	0.155	0	1	0	0	0	0	0
A_{C3}	0.07	0	0.20	1	0.68	0.08	0	0
A_{C4}	0.21	0	0	0	0.45	1	0	0
A_{C5}	0.19	0.55	0	0	0.15	0	1	0
A_{C6}	0.14	0.34	0	0	0.35	0	0	1

图 4-10 水泵再使用维护设计质量屋

按式（4-4）计算的产品特性权重归一化后如图4-10所示，由产品特性的权重和自相关矩阵按式（4-6）计算的产品特性维护重要度系数向量为：

$$I_{m}=(0.29, 0.11, 0.04, 0.17, 0.15, 0.16, 0.10)$$

由模糊决策参数模型得到的用户属性与产品特性间的相关系数和产品特性间的自相关系数充分反映了专家们的知识和客观的关系，由此计算的产品特性权重和维护重要度系数比由传统级数计算的产品特性权重和维护重要度系数更客观、可靠。

4.6 小结

1. 针对产品级再使用维护设计不同于传统恢复设备原有功能的维修这一问题，建立了基于 QFD 的产品级再使用维护设计瀑布式分解过程，重点研究了第一阶段产品改进规划的维护设计过程。

2. 给出了产品特性权重和维护重要度系数的形成过程，产品特性的权重和维护重要度系数是由用户属性的权重、用户属性和产品特性之间的相关系数和产品特性间的自相关系数确定的，这些数据的准确性和客观性直接影响到每个产品特性的维护目标值设定。

3. 用户属性权重是产品改进规划质量屋的关键参数，我们利用权重概率综合系数法的基本思想，建立了专家权重—用户概率系数法确定用户属性权重。专家从产品使用和维护的角度，应用模糊决策参数法确定用户属性权重，然后使用决策影响因子综合用户从使用角度被调查的主观概率。

4. 传统的序数序列难以客观反映用户属性和产品特性间

的相关关系以及产品特性间的自相关关系，我们建立了新的模糊语言值来描述这些关系，提出模糊决策参数模型和算法来确定关系数。

5. 提出的模糊决策参数法分两个语言规则确定语言变量值，充分利用了专家的知识和智能，提高了决策的准确度，仿真研究表明它是一种经济可行、可操作性强的确定参数的方法，也可应用于其他制造领域参数的确定。

5 产品级再使用维护方案设计

5.1 引言

上一章论述了基于质量功能配置的产品级再使用的维护设计过程和产品特性改进规划质量屋的建模方法，接着应进行质量屋决策，设定产品特性改进的目标值，从而确定维护设计方案。目前，应用数学优化方法设定目标值时，主要建立了在一定的成本约束下以用户满意度为最大的规划模型，决策变量被当作连续型变量[121—123,129]。但对于产品级再使用的维护方案设计来说，存在3个方面的挑战：

1. 由于停用后产品技术状态的模糊性，大部分情况下再使用用户对产品的接受价格不是一个确切的量，由此决定的维护成本也是个区间值或模糊值。

2. 对于停用产品的产品特性，可能由于产品本身的状态和维修技术限制，有的产品特性可连续改进，有的产品特性不可以连续改进。

3. 在不同的条件下，维护目标不同，如用户对每项用户属性提出最低改进要求，维护目标应该设定为满足用户最低要求下维护成本最低，而不是用户满意度最大。

传统的规划模型不能解决这 3 个问题，我们针对这些问题，分别建立了以用户满意度最大、维护成本最低和维护度最大为不同目标的数学规划模型[161]，以适应不同的实际情况。

5.2 用户满意度最大的规划设计模型

QFD 质量屋方法实际上是多目标优化设计问题的一种直观形式[129]，故产品级再使用维护设计可形式化为一个多目标优化设计问题，为此，规定以下符号：

A_c——用户属性

I——用户属性总数

C_p——产品特性

J——产品特性的总数

S——用户对产品的满意度改进率

C_m——总的维护成本

y_i——第 i 个用户属性的改进率，$i=1, 2, \cdots, I$

w_i——第 i 个用户属性的权重，$0<w_i<1$，$\sum_{j=1}^{J} w_i=1$

I'_{mj}——第 j 个产品特性的权重，$0<I'_{mj}<1$，$\sum_{j=1}^{J} I'_{mj}=1$，$j=1, 2, \cdots, J$

I_{mj}——第 j 个产品特性的维护重要度系数

Δx_j，x_j——产品特性值的计划改进率和计划改进值

Δx_j^r，x_j^r——产品特性值的实际改进率和实际改进值

x_j^p，x_j°，x_j^*——产品特性的当前值、原有功能值和计划改进的最优值

r_{ij}——用户属性 A_{ci} 和产品特性 C_{pj} 之间的关联系数，r_{ij} 可由模糊决策参数法确定

p_{kj}——产品特性 C_{pk} 和 C_{pj} 之间的相关系数，$k=1$，…，J，p_{kj} 可由模糊决策参数法确定

C_j，c_j——C_{pj} 的成本函数和单位改进率所需的费用

这样，问题转化为求矢量（Δx_1，Δx_2，…，Δx_J），使 S 最大化。

5.2.1　计划改进率和实际改进率

产品特性之间存在相关性，所以产品特性的实际改进率 Δx_j^{r} 包括两部分[118,129]：一部分是 C_{pj} 的单纯改进，我们称之为计划改进率 Δx_j；另一部分是其他相关产品特性改进引起 C_{pj} 的改进，即 $\sum_{\substack{k=1\\k\neq j}}^{J} p_{kj}\,\Delta x_k$，可用下式表达：

$$\Delta x_j^{\mathrm{r}} = \sum_{k=1}^{J} p_{kj}\,\Delta x_k = \Delta x_j + \sum_{\substack{k=1\\k\neq j}}^{J} p_{kj}\Delta x_k \tag{5-1}$$

为了提高维护人员的可操作性，决策变量应该为每个产品特性的计划改进率，而不是实际改进率。

产品特性指标有正指标和负指标两种类型，它们的计划改进率分别由式（5－2）和式（5－3）求出。

$$\Delta x_j = \frac{x_j - x_j^{\mathrm{p}}}{x_j^* - x_j^{\mathrm{p}}} \tag{5-2}$$

$$\Delta x_j = \frac{x_j^{\mathrm{p}} - x_j}{x_j^{\mathrm{p}} - x_j^*} \tag{5-3}$$

因此，计划改进值分别为：$x_j = x_j^{\mathrm{p}} + \Delta x_j$（$x_j^* - x_j^{\mathrm{p}}$）和 $x_j = x_j^{\mathrm{p}} - \Delta x_j$（$x_j^{\mathrm{p}} - x_j^*$）。同理，实际改进值为：$x_j^{\mathrm{r}} = x_j^{\mathrm{p}} + \Delta x_j^{\mathrm{r}}$（$x_j^* - x_j^{\mathrm{p}}$）和 $x_j^{\mathrm{r}} = x_j^{\mathrm{p}} - \Delta x_j^{\mathrm{r}}$（$x_j^{\mathrm{p}} - x_j^*$）。维护人员对产品特性的操作量为计划改进值减去当前值，即 $x_j - x_j^{\mathrm{p}}$。

5.2.2 用户满意度的定义和形成

1. 用户满意度的定义。

用户满意度是用户对产品价格、功能、环境影响、交货期和服务等方面的综合满意度。在这一章中，假定维护设计的目的是在一定的维护成本约束下再使用用户对产品的满意度的改进率最大，简单称作用户满意度最大。因此，这里定义用户满意度为用户属性改进率的多目标统一值。

2. 用户满意度的形成。

用户满意度 S 可表示为用户属性 A_{ci} 改进率 y_i 的多目标统一值，有加权和与加权积两种形式[118]，这里采用加权和的形式：

$$S(y) = \sum_{i=1}^{I} w_i y_i \tag{5-4}$$

用户属性 A_{ci} 的改进率 y_i 是由与之相关的各产品特性实际改进率确定的，即 $y_i = \sum_{j=1}^{J} r_{ij} \Delta x_j^{\mathrm{r}}$，代入式（5-4）得：

$$S(\Delta x^{\mathrm{r}}) = \sum_{i=1}^{I} w_i \sum_{j=1}^{J} r_{ij} \Delta x_j^{\mathrm{r}} \tag{5-5}$$

式（5-5）也可改写成：

$$S(\Delta x^{r}) = \sum_{j=1}^{J} \sum_{i=1}^{I} w_i r_{ij} \Delta x_j^{r} \tag{5-6}$$

将 $\sum_{i=1}^{I} w_i r_{ij}$ 归一化可得产品特性的权重：

$$I'_{mj} = \frac{\sum_{i=1}^{I} w_i r_{ij}}{\sum_{j=1}^{J} \sum_{i=1}^{I} w_i r_{ij}} \tag{5-7}$$

将式（5-7）代入式（5-6）得：

$$S(\Delta x^{r}) = \sum_{j=1}^{n} I'_{mj} \Delta x_j^{r} \tag{5-8}$$

决策变量应该为每个产品特性的计划改进率，所以将式（5-1）代入式（5-8）即得到：

$$S(\Delta x) = \sum_{j=1}^{J} I'_{mj} \sum_{k=1}^{J} p_{kj} \Delta x_k \tag{5-9}$$

式（5-9）也可改写成：

$$S(\Delta x) = \sum_{k=1}^{J} \sum_{j=1}^{J} I'_{mj} p_{kj} \Delta x_k \tag{5-10}$$

产品特性维护重要度系数 $I_{mk} = \sum_{j=1}^{J} I'_{mj} p_{kj}$，代入上式得：

$S(\Delta x) = \sum_{k=1}^{J} I_{mk} \Delta x_k$，然后再得到：

$$S(\Delta x) = \sum_{j=1}^{J} I_{mj} \Delta x_j \tag{5-11}$$

5.2.3　线性规划模型

1. 目标函数的建立。

以用户满意度最大为规划目标，计划改进率为决策变量的目标函数。

$$\max \quad S(\Delta x) = \sum_{j=1}^{J} I_{mj}\Delta x_j$$

2. 约束条件。

（1）维护成本约束。产品特性值的改进是在一定的资金条件下进行的，因此，每个产品特性的改进成本为：[118]

$$C_j(\Delta x_j) = c_j\Delta x_j$$

因为总的维护成本不能超过总成本约束 C_m，所以，根据上式可写出维护成本约束函数：

$$\sum_{j=1}^{J} c_j\Delta x_j \leqslant C_m$$

（2）产品特性值的改进范围约束。对于每个产品特性，最优的计划改进值为 x_j^*，最差为不做改进，由此得出计划改进率约束范围为：

$$0 \leqslant \Delta x_j \leqslant 1 \quad (j = 1, 2, \cdots, J)$$

3. 线性规划模型。

综上所述，以用户满意度最大为目标，产品特性的计划改进率为决策变量的线性规划模型：

$$\max \quad S(\Delta x) = \sum_{j=1}^{J} I_{mj}\Delta x_j$$

$$\text{s.t.} \quad \sum_{j=1}^{J} c_j\Delta x_j \leqslant C_m$$

$$0 \leqslant \Delta x_j \leqslant 1 \quad (j = 1, 2, \cdots, J)$$

4. 模型的适用范围。

用户对再使用产品价格有确定的要求，由此配置的维护成本约束是一个确定量，而且每项产品特性可连续改进。

5. 模型的应用。

利用4.4节的案例，由价格要求确定维护成本约束为403元，产品特性和单位分别为：水密性(1—5)、扬程变化范围（±%）、最大噪音（dB）、润滑状况（1—5）、耗电率（kW·h）、可靠性（%）和再使用寿命（h），建立水泵维护设计规划的质量屋见图5-1：产品特性间相关矩阵（上部），用户需求—产品特性相关矩阵（中部）；产品特性改进矩阵（下部）。

成本系数的单位为千元①。

产品特性维护重要度系数向量为：

$$I_m = (0.29, 0.11, 0.04, 0.17, 0.15, 0.16, 0.10)$$

建立线性规划模型：

$$\max \quad S = 0.29\Delta x_1 + 0.11\Delta x_2 + 0.04\Delta x_3 + 0.17\Delta x_4 + 0.15\Delta x_5 + 0.16\Delta x_6 + 0.1\Delta x_7$$

$$\text{s.t.} \quad 0.21\Delta x_1 + 0.28\Delta x_2 + 0.18\Delta x_3 + 0.09\Delta x_4 + 0.235\Delta x_5 + 0.23\Delta x_6 + 0.32\Delta x_7 \leqslant 0.403$$

$$0 \leqslant \Delta x_j \leqslant 1, \ j = 1, 2, \cdots, J$$

求解如表5-1，原有相对值按式（5-2）和式（5-3）计算。

---

① 为了计算方便，本书中成本系数的单位为千元。

表 5-1　　水泵再使用维护设计优化结果

产品特性	计划改进率	计划改进值	操作量	实际改进率	实际改进值	原有值的相对改进率
水密性	1	4.60	1.10	1.03	4.64	1.18
扬程变化范围	0	9	0	0	9	0.83
最大噪音	0	80.00	0	0.10	76.3	0.54
润滑状况	1	4.60	1.40	1	4.60	1.29
耗电率	0	3	0	0	3.00	0.66
可靠性	0.44	96.08	6.080	0.52	97.02	1.06
再使用寿命	0	2100	0	0	2100	0
用户满意度	—	—	—	0.55	—	0.91

6. 结果分析和结论。

按再使用用户要求配置的维护方案为提高水密性、润滑状况和可靠性的计划改进值，因为这三个产品特性的对应的维护重要度系数较高，分别为 0.29、0.17、0.16，而成本系数较低，分别为 0.21、0.09、0.23，即维护重要度系数和成本系数的比值较高；对扬程变化范围、耗电率、最大噪音和再使用寿命不进行操作，因为它们对应的维护重要度系数和成本系数的比值较低。

但最大噪声的实际改进值降低了，效果为改进产品特性，这是产品特性之间存在自相关关系的结果。最大噪声和润滑状况之间存在正相关关系，在润滑状况提高的作用下最大噪声有所降低。

进一步分析可知，用户对产品的满意度相对于当前值提高了55%，原有值的相对当前值的满意度为91%，总体上相对于原有值为维护降级使用。

综上所述，在优化设计数学模型中，为了提高可操作性，决策变量是计划改进率，由此体现在目标函数和成本约束条件的准确建立上。

	特性	C_{P1}	C_{P2}	C_{P3}	C_{P4}	C_{P5}	C_{P6}	C_{P7}
	C_{P1}	1	0	0	0	0	0.07	0
	C_{P2}	0	1	-0.20	0	0	0	0
	C_{P3}	0	-0.20	1	0.10	0	0	0
	C_{P4}	0	0	0.10	1	0	0	0
	C_{P5}	0	0	0	0	1	0	0
	C_{P6}	0.07	0	0	0	0	1	0
	C_{P7}	0	0	0	0	0	0	1
属性	权重	0.28	0.12	0.05	0.16	0.15	0.14	0.10
A_{C1}	0.235	1	0	0	0	0	0	0
A_{C2}	0.155	0	1	0	0	0	0	0
A_{C3}	0.07	0	0.20	1	0.68	0.08	0	0
A_{C4}	0.21	0	0	0	0.45	1	0	0
A_{C5}	0.19	0.55	0	0	0.15	0	1	0
A_{C6}	0.14	0.34	0	0	0.35	0	0	1
指标类型		正	负	负	正	负	正	正
当前值		3.5	9	80	3.2	3.0	90.0	2100
最优值		4.6	3	43	4.6	2.7	98.5	2400
原有值		4.8	4	60	5.0	2.8	99.0	2100
成本系数		0.21	0.28	0.18	0.09	0.235	0.23	0.32

图 5-1 水泵再使用维护设计质量屋

5.2.4 0—1 整数线性规划模型

1. 模型结构。

$$\max \quad S(x) = \sum_{j=1}^{J} I_{mj} \sum_{k=1}^{l_j} x_{jk} y_{jk} \tag{5-12}$$

$$\text{s.t.} \quad \sum_{j=1}^{J} \sum_{k=1}^{l_j} c_{jk} y_{jk} \leqslant C_m \tag{5-13}$$

$$\sum_{k=1}^{l_1} y_{1k} = 1, \sum_{k=1}^{l_2} y_{2k} = 1, \cdots, \sum_{k=1}^{l_m} y_{Jk} = 1 \tag{5-14}$$

$$y_{jk} = 0 \text{ 或 } 1 \tag{5-15}$$

上两个式中：

S——用户满意度

I_{mj}——第 j 个产品特性 C_{pj}（$j=1, \cdots, J$）的维护重要度系数

x_{ik}——第 j 个产品特性的第 k 个维护方案的计划改进率

c_{ik}——第 j 个产品特性的第 k 个维护方案的计划维护成本

C_m——总的维护成本约束

l_j——第 j 个产品特性维护方案个数

y_{jk}——决策变量

$$y_{jk} = \begin{cases} 1 & \text{选择第 } j \text{ 个产品特性的第 } k \text{ 个维护方案} \\ 0 & \text{否则} \end{cases}$$

2. 模型分析。

如果产品停用后其特性不能连续改进，技术人员根据产品的技术状态和现有的维修技术确定每项产品特性的维护方案。由计划改进率和相应的维护成本构成，以用户满意度最大，总维护成本为约束建立 0—1 整数规划模型，选择每项产品特性

的维护方案，最终组合成一个最优的维护设计方案。

产品特性指标有正指标和负指标两种类型，它们的计划改进率分别由式（5－16）和式（5－17）求出。

$$x_j = \frac{h_j^*}{h_j} \tag{5-16}$$

$$x_j = \frac{h_j}{h_j^*} \tag{5-17}$$

上两个式中 h_j、h_j^* 为第 j 个产品特性的当前值和计划改进值。

y_{jk}为 0, 1 决策变量，约束条件式（5－14）表示每个产品特性改进方案中必须而且最多选择一个维护方案。

3. 模型的适用范围。

该模型适用于用户对再使用产品的价格要求为一确定量，由此配置的维护成本也是个确切的量，用户满意度最大为目标，每项产品特性可能不能连续改进，有离散的数个维护方案。

4. 模型的应用。

某批同型号水泵使用 2 年后被停用，经专家鉴定可在多个市场重用，考虑到运输成本应就近投入市场 A 和 B。市场 A 和 B 分别为不同的用户群，市场 A 的用户对水泵的维护改进要求比市场 B 的高。

确定市场 A 和 B 的用户对该类产品的 6 个可维护用户属性为噪音低、扬程变化小、水密性好、能耗低、安全可靠和使用寿命长，分别给予标号 A_{C1}—A_{C6}，技术人员确定与之相关的 8 个产品特性要进行维护。根据在市场 A 和 B 调查的用户所能接受的价格，规定总的维护成本约束分别为 630 元和 350 元，即 $C_{mA}=630$ 和 $C_{mB}=350$。模型应用步骤为：

步骤1：确定用户属性的权重。

用专家权重—用户概率系数法确定用户属性的权重，专家通过模糊决策参数法评价出用户属性的权重为：

$W' = (0.09, 0.29, 0.29, 0.15, 0.09, 0.09)^T$

对A市场220名顾客进行调查，结果列入表5－2中。

表5－2　调查结果

用户要求	A_{C1}	A_{C2}	A_{C3}	A_{C4}	A_{C5}	A_{C6}
频数 ζ	34	87	165	56	86	67

计算用户要求的主观概率失量为：

$P_A = (0.07, 0.18, 0.33, 0.11, 0.17, 0.14)$

按式（4－3）计算的市场A用户属性权重为：

$W_A = (0.08, 0.23, 0.32, 0.13, 0.13, 0.11)^T, \alpha = 0.5$

同理，对B市场330名顾客进行调查，结果列入表5－3中。

表5－3　调查结果

用户要求	A_{C1}	A_{C2}	A_{C3}	A_{C4}	A_{C5}	A_{C6}
频数 ζ	51	319	298	175	113	72

计算用户要求的主观概率失量为：

$P_B = (0.05, 0.31, 0.29, 0.17, 0.11, 0.07)$

按式（4－3）计算的市场B用户需求权重为：

$W_B = (0.07, 0.30, 0.29, 0.16, 0.10, 0.08)^T$，$\alpha = 0.5$

步骤2：确定维护重要度系数。

专家用模糊决策参数法确定用户属性和产品特性间的关系数形成了相关矩阵，产品特性之间形成了自相关矩阵，如图5－2所示：

	特性	C_{P1}	C_{P2}	C_{P3}	C_{P4}	C_{P5}	C_{P6}	C_{P7}	C_{P8}
	C_{P1}	1	0	0	0	0	0.17	0	0
	C_{P2}	0	1	−0.07	0	0	0	0	0
	C_{P3}	0	−0.07	1	0	0	0	0	0
	C_{P4}	0	0	0	1	0	0	0	0
	C_{P5}	0	0	0	0	1	0	0	0.20
	C_{P6}	0.17	0	0	0	0	1	0	0
	C_{P7}	0	0	0	0	0	0	1	0
	C_{P8}	0	0	0	0	0.20	0	0	1
属性	权重	0.08	0.20	0.28	0.12	0.06	0.11	0.10	0.05
A_{C1}	0.08	1	0	0	0	0	0	0	0
A_{C2}	0.23	0	1	0	0	0.10	0	0	0
A_{C3}	0.32	0	0	1	0	0	0	0	0
A_{C4}	0.13	0	0	0	1	0	0	0	0.32
A_{C5}	0.13	0.12	0	0	0	0.34	1	0	0
A_{C6}	0.11	0	0	0	0	0	0	1	0.13
方案		x_{1k} (c_{1k})	x_{2k} (c_{2k})	x_{3k} (c_{3k})	x_{4k} (c_{4k})	x_{5k} (c_{5k})	x_{6k} (c_{6k})	x_{7k} (c_{7k})	x_{8k} (c_{8k})
1		1.02 (52)	1.04 (79)	1.02 (40)	1.03 (20)	1.05 (40)	1.03 (18)	1.04 (26)	1.02 (9)
2		1.12 (105)	1.09 (123)	1.05 (79)	1.20 (167)	1.10 (87)	1.30 (102)	1.12 (75)	1.08 (20)
3		1.15 (120)	1.13 (207)	1.10 (120)	—	1.12 (98)	—	1.18 (109)	1.30 (109)
4		—	1.31 (306)	1.17 (149)	—	1.18 (109)	—	—	1.34 (156)
5		—		1.20 (198)	—		—	—	—

图 5－2　水泵再使用维护设计质量屋（A）

计算的产品特性权重 I'_{m} 为：

I'_{mA} =（0.08，0.20，0.28，0.12，0.06，0.11，0.10，0.05）

I'_{mB} =（0.07，0.26，0.26，0.14，0.06，0.09，0.07，0.05）

由此建立水泵再使用维护设计质量屋（A），如图 5－2 所示。同理，只需替换用户属性和产品特性的权重即得质量屋（B），在此略。

产品特性的维护重要度系数为：

I_{mA} =（0.1023，0.1825，0.2672，0.1143，0.0696，0.1284，0.0967，0.0603）

I_{mB} =（0.0861，0.2457，0.2363，0.1405，0.0688，0.0999，0.0703，0.0657）

步骤 3：维护设计方案的优选。

技术专家按产品的特性结合当前的维护技术对这批产品设计维护方案，如图 5－2 所示。图 5－2 中改进率均为在产品当前特性值基础上的改进，维护成本的单位为元。从图 5－2 看出 $l_1=3$、$l_2=4$、$l_3=5$、$l_4=2$、$l_5=4$、$l_6=2$、$l_7=3$、$l_8=4$，分别按式（5－12）—（5－15）建立两套规划模型，求解如表5－4所示。所计算的产品特性和用户满意度改进结果、总维护成本如表 5－5 所示。

表 5－4　　　　维护设计模型的优选解

方案	y_{1k}		y_{2k}		y_{3k}		y_{4k}		y_{5k}		y_{6k}		y_{7k}		y_{8k}	
	A	B	A	B	A	B	A	B	A	B	A	B	A	B	A	B
1	0	0	1	1	0	1	1	1	1	1	0	1	0	1	0	0
2	1	1	0	0	0	0	0	0	0	0	1	0	0	0	1	1
3	0	0	0	0	0	0	—	—	0	0	—	—	1	0	0	0
4	—	—	0	0	1	0	—	—	0	0	—	—	—	—	0	0
5	—	—	—	—	0	0	—	—	—	—	—	—	—	—	—	—

表 5-5　　改进结果和维护成本

产品特性	C_{P1}	C_{P2}	C_{P3}	C_{P4}	C_{P5}	C_{P6}	C_{P7}	C_{P8}	C_m	S
计划改进率（A）	1.12	1.04	1.17	1.03	1.05	1.30	1.18	1.08	—	—
实际改进率（A）	1.34	0.96	1.10	1.03	1.27	1.49	1.18	1.29	624	1.15
计划改进率（B）	1.12	1.04	1.02	1.03	1.05	1.03	1.04	1.08	—	—
实际改进率（B）	1.30	0.97	0.95	1.03	1.27	1.22	1.04	1.29	348	1.06
原相对值	1.24	1.05	1.10	1.04	1.15	1.25	1.06	1.20	—	1.12（A） 1.11（B）

5. 结果分析和结论。

按表 5-4 优化结果，对于市场 A 最终被选中的最优维护设计方案为（x_{12}，x_{21}，x_{34}，x_{41}，x_{51}，x_{62}，x_{73}，x_{82}），用户满意度提高了 15%，对于市场 B 最终被选中的最优维护设计方案为（x_{12}，x_{21}，x_{31}，x_{41}，x_{51}，x_{61}，x_{71}，x_{82}），用户满意度提高了 6%。

设这批产品当前相对产品特性值为 1，则原有产品特性相对值和相应的用户满意度如表 5-5 所示，原相对值的相对满意度是所有产品特性的原相对值按照由市场 A 或 B 配置的产品特性权重计算的加权平均值。可以看出，相对于原有特性值 A 方案为维护升级使用，B 方案为维护降级使用。

这里提出了一个产品维护设计方案优化选择的规划模型。模型的目标是最大化用户对产品的满意度，在模型中考虑了每个产品特性的每个维护方案的改进率及相对应的成本和总的成本约束，考虑了每个产品特性的维护重要度系数；其结果是确定各个产品特性的维护方案，也就是各个产品特性值的目标改进率，最终设计出最佳的维护方案。

5.2.5 混合整数线性规划模型

1. 模型结构。

$$\max \quad S(\Delta x) = \sum_{j=1}^{J_1} I_{mj} \sum_{k=1}^{l_j} \Delta x_{jk} y_{jk} + \sum_{j=J_1+1}^{J} I_{mj} \Delta x_j \tag{5-18}$$

$$\text{s.t.} \quad \sum_{j=1}^{J_1} \sum_{k=1}^{l_j} c_{jk} y_{jk} + \sum_{j=J_1+1}^{J} c_j \Delta x_j \leqslant C_m \tag{5-19}$$

$$\sum_{k=1}^{l_1} y_{1k} = 1, \sum_{k=1}^{l_2} y_{2k} = 1, \cdots, \sum_{k=1}^{l_{J_1}} y_{J_1 k} = 1 \tag{5-20}$$

$$y_{jk} = 0 \text{ 或 } 1 \ (j = 1, 2, \cdots, J_1) \tag{5-21}$$

$$0 \leqslant \Delta x_j \leqslant 1 \ (j = J_1+1, J_1+2, \cdots, J) \tag{5-22}$$

上面几式中：

S——用户满意度

I_{mj}——第 j 个产品特性 C_{Pj}（$j=1, \cdots, J$）的维护重要度系数

Δx_{jk}——第 j 个产品特性的第 k 个维护方案的计划改进率，$j=1, 2, \cdots, J_1$

Δx_j——决策变量，第 j 个产品特性的计划改进率，$j=J_1+1, J_1+2, \cdots, J$

c_{ik}——第 j 个产品特性的第 k 个维护方案的计划维护成本，$j=1, 2, \cdots, J_1$

c_j——第 j 个产品特性维护成本系数，$j=J_1+1, J_1+2, \cdots, J$

C_{m}——总的维护成本约束

l_j——第 j 个产品特性维护方案个数，$j=1, 2, \cdots, J_1$

y_{jk}——决策变量，$j=1, 2, \cdots, J_1$

$$y_{jk}=\begin{cases}1 & \text{选择第 } j \text{ 个产品特性的第 } k \text{ 个维护方案} \\ 0 & \text{否则}\end{cases}$$

2. 模型分析。

如果产品停用后其特性有的能连续改进，有的不能连续改进，技术人员根据产品的技术状态和现有的维修技术确定不能连续改进的产品特性的维护方案，由计划改进率和相应的维护成本构成，以用户满意度最大、总维护成本为约束建立混合整数规划模型。

产品特性指标有正指标和负指标两种类型，该模型中所有产品特性的计划改进率分别由式（5-2）和式（5-3）求出，y_{jk} 为0,1决策变量，约束条件式（5-20）表示第1，2，…，J_1 个产品特性改进方案中必须而且最多选择一个维护方案，Δx_j 也是决策变量，模型规划出第 J_1+1，J_1+2，…，J 个产品特性的计划改进率。

对于连续改进的产品特性，规划出目标值，对于不能连续改进的产品特性，选择产品特性的维护方案，最终组成一个最优的维护设计方案。

3. 模型的适用范围。

该模型适用于用户对再使用产品的价格要求为一确定量，由此配置的维护成本也是个确切的量，以用户满意度最大为目标，产品特性有的能连续改进，有的不能连续改进，有离散的数个维护方案。

5.3 维护成本最低的规划设计模型

在某些情况下，再使用用户希望停用后的产品在满足用户需求的情况下，价格较低。事实上，价格低是停用后的产品在市场中的竞争优势，所以在用户对每个需要维护的用户属性有具体要求的情况下，维护成本最低应该成为维护设计的规划目标。

首先要调查用户对停用后产品的用户需求和期望改进率，并结合专家的意见确定可维护的用户属性和属性改进率，再确定与之相关的产品特性和改进产品特性的成本系数，决策变量为每个产品特性的计划改进率。维护设计的目的是在满足再使用用户的需求下达到维护成本最低。由此，可建立线性规划模型。

5.3.1 模型结构

$$\min \quad C_m = \sum_{j=1}^{J} c_j \Delta x_j \tag{5-23}$$

$$\text{s.t.} \quad \sum_{j=1}^{J} r_{ij} \Delta x_j^r \geqslant y_i \quad i = 1,2,\cdots,I \tag{5-24}$$

$$\sum_{k=1}^{J} p_{jk} \Delta x_k = \Delta x_j^r \quad j = 1,2,\cdots,J \tag{5-25}$$

$$0 \leqslant x_j \leqslant 1 \quad j = 1,\ 2,\ \cdots,\ J \tag{5-26}$$

以上几式中：

C_m——维护成本

c_j——产品特性的改进成本系数

Δx_j——产品特性的计划改进率

Δx_j^r——产品特性的实际改进率

y_i——用户需求改进率

r_{ij}——用户需求和产品特性之间的关联系数，可用模糊决策参数法确定

p_{kj}——产品特性之间的相关系数，可用模糊决策参数法确定

将模型的约束条件式（5－25）代入式（5－24）得 $\sum_{j=1}^{J} r_{ij} \sum_{k=1}^{J} p_{jk} \Delta x_k \geqslant y_i$，也可改写成 $\sum_{k=1}^{J} \sum_{j=1}^{J} r_{ij} p_{jk} \Delta x_k \geqslant y_i$，因此，上述模型可改为：

$$\min \quad C_m = \sum_{j=1}^{J} c_j \Delta x_j \tag{5-27}$$

$$\text{s.t.} \quad \sum_{k=1}^{J} \sum_{j=1}^{J} r_{ij} p_{jk} \Delta x_k \geqslant y_i \tag{5-28}$$

$$0 \leqslant \Delta x_j \leqslant 1 \quad j = 1, 2, \cdots, J \tag{5-29}$$

5.3.2 模型应用分析

某批同型号水泵使用 2 年后被停用，准备在市场 A 和市场 B 出售，出售前利用 QFD 的方法进行维护设计。所调查的可维护用户属性有水密性好、能耗低、安全可靠和使用寿命长，分别给予标号 A_{c1}—A_{c4}，由此配置必须维护的产品特性：水密性（1—5）、耗电率（kW · h）、润滑状况（1—5）、可靠

性（%）、扬程变化范围（±%）和再使用寿命（h），分别给予标号 P_{c1}—P_{c6}。模型应用步骤为：

步骤 1：调查和确定用户属性的用户要求改进率和权重。

所调查的 A 和 B 市场的用户属性改进率和权重，即用户属性改进矩阵见表 5－6。

表 5－6　用户需求改进数据

用户属性		权重	用户要求改进率
A	A_{C1}	0.28	0.36
	A_{C2}	0.31	0.42
	A_{C3}	0.24	0.15
	A_{C4}	0.17	0.18
B	A_{C1}	0.33	0.32
	A_{C2}	0.26	0.22
	A_{C3}	0.26	0.14
	A_{C4}	0.15	0.10

步骤 2：建立质量屋。

建立水泵维护设计规划的质量屋，见图 5－3：产品特性间相关矩阵（上）、用户需求—产品特性相关矩阵（中）、产品特性改进矩阵（下）。

步骤 3：建立规划模型。

在满足用户需求的约束条件下，用户要求价格低，由此，以维护成本最低为目标，建立线性规划，过程为：

（1）目标函数：

$$\min \quad C_m = 0.21x_1 + 0.28x_2 + 0.09x_3 + 0.25x_4 + 0.23x_5 + 0.32x_6$$

P_{C1}	1	0	0.21	0	0	0
P_{C2}	0	1	0	0	−0.09	0
P_{C3}	0.21	0	1	0	0	0
P_{C4}	0	0	0	1	0	0.12
P_{C5}	0	−0.09	0	0	1	0
P_{C6}	0	0	0	0.12	0	1
属性＼特性	P_{C1}	P_{C2}	P_{C3}	P_{C4}	P_{C5}	P_{C6}
A_{C1}	1	0	0.28	0	0	0.23
A_{C2}	0	1	0.25	0	0	0
A_{C3}	0.10	0	0	0.96	0.54	0
A_{C4}	0	0	0.35	0	0	0.86
指标类型	正	负	正	正	负	正
当前值	3.5	3.2	3.0	85	9	2100
原有值	4.6	2.8	3.8	97	8.5	2100
计划最优值	4.5	2.0	3.8	97	8	2400
成本系数	0.21	0.28	0.09	0.25	0.23	0.32

图 5－3　水泵维护设计的质量屋

（2）约束条件：

$\sum_{k=1}^{J}\sum_{j=1}^{J} r_{ij}p_{jk}x_k \geqslant y_i$，用约束矩阵表示为 $Ax \geqslant b$。约束系数矩

阵 $A=RP$，R 为用户属性和产品特性的相关矩阵，P 为产品特性的自相关矩阵。

$$A=\begin{vmatrix}1.06 & 0 & 0.49 & 0.03 & 0 & 0.23\\ 0.05 & 1.00 & 0.25 & 0 & -0.09 & 0\\ 0.10 & -0.05 & 0.02 & 0.96 & 0.54 & 0.12\\ 0.07 & 0 & 0.35 & 0.10 & 0 & 0.86\end{vmatrix}$$

$$b_A=\begin{vmatrix}0.36\\0.42\\0.15\\0.18\end{vmatrix}\qquad b_B=\begin{vmatrix}0.32\\0.22\\0.14\\0.10\end{vmatrix}$$

（3）最优解取值范围。最优解的约束上界 $VUB=(1, 1, 1, 1, 1, 1)^T$，约束下界为 $VLB=(0, 0, 0, 0, 0, 0)^T$。

步骤4：求解。

将求解结果列入表 5－7，维护操作量为计划改进值减去当前值。

表 5－7　　　　优化结果

产品特性		计划改进率	计划改进值	操作量	实际改进率	实际改进值
A	P_{C1}	0	3.50	0	0.15	3.65
	P_{C2}	0.28	2.87	-0.33	0.28	2.87
	P_{C3}	0.77	3.58	0.58	0.73	3.58
	P_{C4}	0.15	86.85	1.85	0.15	86.85
	P_{C5}	0	9	0	-0.03	9.03
	P_{C6}	0	2100	0	0.02	2105.60

续表

产品特性		计划改进率	计划改进值	操作量	实际改进率	实际改进值
B	P_{C1}	0	3.50	0	0.14	3.64
	P_{C2}	0.06	3.13	-0.07	0.06	3.13
	P_{C3}	0.65	3.52	0.52	0.65	3.52
	P_{C4}	0.13	86.62	1.62	0.13	86.62
	P_{C5}	0	9	0	-0.01	9.01
	P_{C6}	0	2100	0	0.02	2104.90

5.3.3 结果分析和结论

投入 A 市场和 B 市场的维护方案为：（1）提高润滑状况和可靠性的目标值；（2）降低耗电率的目标值，效果为改进产品特性；（3）对水密性、扬程变化范围和再使用寿命不进行操作，但由于扬程变化范围和耗电率之间存在弱负相关关系，实际改进率为负，再使用寿命和可靠性之间存在弱正相关关系，实际改进率为正。因为 A 市场用户对用户属性的要求改进率较 B 市场的高，因此配置的 A 市场产品特性计划改进率较 B 市场的高。

进一步分析，用户满意度 $S(y) = \sum_{i=1}^{I} w_i y_i$（式中 $0 < w_i < 1$，$\sum_{i=1}^{I} w_i = 1$），用户属性的满意度改进率 $y_i = \sum_{k=1}^{J}\sum_{j=1}^{J} r_{ij} p_{jk} \Delta x_k$，产品原有相对改进率按式（5-2）和（5-3）计算为（1.1，0.33，1，1，0.5，0），代入式 $y_i = \sum_{j=1}^{J} r_{ij} \Delta x_j^r$ 和 $S(y) = \sum_{i=1}^{m} w_i y_i$ 可求出用

户对产品最初状态的满意度 S_0。分析结果见表 5－8。从表 5－8 看出，A、B 市场均为维护降级使用。

在用户可以对每项用户属性提出要求改进率的情况下，以维护成本最低为目标建立的该模型是一种最好的解决办法。该模型权衡了质量屋内的各种矛盾，配置出产品特性的计划改进率，既满足了用户要求，又达到成本最低，增加了再使用产品的竞争力。

表 5－8　　　　用户属性改进率和满意度

市场	y_1	y_2	y_3	y_4	S	S_0	C_m
A	0.36	0.46	0.15	0.27	0.33	0.953	0.18
B	0.32	0.22	0.14	0.24	0.24	1.01	0.11

5.4 维护度最大的规划设计模型

在实践中，由于停用后产品技术状态的模糊性，用户对再使用产品所能接受的价格可能落在一定的范围之内，成本约束是一个区间值或模糊值。在这一节里，假定维护成本约束为一个区间值，应用 QFD 的方法对产品级再使用的维护优化设计进行研究。

5.4.1 维护度

用户对产品级再使用满意度的改进率 S 与相应的维护成本 C_m 之比，称之为维护度 D_m，表示为：

$$D_m = S/C_m$$

按照价值工程的原理，设定维护的目标为在维护成本约束区间［C_m^{min}，C_m^{max}］内，达到维护度最大，以实现维护性价比最高。

5.4.2　非线性规划模型

1. 目标函数的建立。用户满意度改进率为：

$$S(\Delta x) = \sum_{j=1}^{J} I_{mj}\Delta x_j$$

维护成本为：

$$C_m(\Delta x) = \sum_{j=1}^{J} c_j\Delta x_j$$

由此，可确定目标函数为：

$$\max \quad D_m = \frac{\sum_{j=1}^{J} I_{mj}\Delta x_j}{\sum_{j=1}^{J} c_j\Delta x_j} \tag{5-30}$$

以上几式中：

D_m——维护度

I_{mj}——第 j 个产品特性的维护重要度系数，$j=1, 2, \cdots, J$

Δx_j——产品特性值的计划改进率，由式（5－2）或（5－3）求出

c_j——第 j 个产品特性的单位改进率所需的费用

2. 约束条件的确定。维护成本约束为：

$$C_m^{min} \leqslant \sum_{j=1}^{J} c_j\Delta x_j \leqslant C_m^{max} \tag{5-31}$$

产品特性值的改进率范围约束为：

$$0 \leqslant \Delta x_j \leqslant 1 \quad (J=1, 2, \cdots, J) \tag{5-32}$$

上式中 $C_{\mathrm{m}}^{\min}$ 和 $C_{\mathrm{m}}^{\max}$ 为维护成本约束的最小值和最大值。

3. 模型的适用范围。由式（5－30）—（5－32）构成了以维护度最大为目标的非线性规划模型。该模型适用于用户对再使用产品的价格要求落在一定的范围内，由此配置的维护成本约束为一个区间值，在维护成本约束区间［$C_{\mathrm{m}}^{\min}$，$C_{\mathrm{m}}^{\max}$］内，达到维护度最大，以实现维护性价比最高。另外，产品特性可连续改进。

5.4.3　0，1 整数非线性规划模型

1. 模型结构。

$$\max \quad D_{\mathrm{m}} = \frac{S(x)}{C_{\mathrm{m}}} = \frac{\sum_{j=1}^{J} I_{mj} \sum_{k=1}^{l_j} x_{jk} y_{jk}}{\sum_{j=1}^{J} \sum_{k=1}^{l_j} c_{jk} y_{jk}} \tag{5-33}$$

$$\text{s.t.} \quad C_{\mathrm{m}}^{\min} \leqslant \sum_{j=1}^{J} \sum_{k=1}^{l_j} c_{jk} y_{jk} \leqslant C_{\mathrm{m}}^{\max} \tag{5-34}$$

$$x_j \geqslant x_j^{\min} \tag{5-35}$$

$$\sum_{k=1}^{l_1} y_{1k} = 1, \sum_{k=1}^{l_2} y_{2k} = 1, \cdots, \sum_{k=1}^{l_J} y_{Jk} = 1 \tag{5-36}$$

$$y_{Jk} = 0 \text{ 或 } 1 \tag{5-37}$$

以上几式中：

S——用户满意度

C_{m}、$C_{\mathrm{m}}^{\min}$、$C_{\mathrm{m}}^{\max}$——总的维护成本、成本约束的最小值和最大值

D_{m}——维护度

I_{mj}——第 j 个产品特性的维护重要度系数，$j=1, 2, \cdots, J$

x_{jk}——第 j 个产品特性的第 k 个维护方案的计划改进率和用户要求最低改进率，$j=1, 2, \cdots, J$

x_j^{min}——第 j 个产品特性的用户要求最低改进率，j = 某些用户有要求的产品特性

c_{jk}——第 j 个产品特性的第 k 个维护方案的计划维护成本

l_j——第 j 个产品特性维护方案个数

y_{jk}——决策变量

$$y_{jk}=\begin{cases}1 & \text{选择第 } j \text{ 个产品特性的第 } k \text{ 个维护方案}\\ 0 & \text{否则}\end{cases}$$

2. 模型分析。

当再使用产品的产品特性可能不能连续改进，技术人员结合产品的技术状态和当前的维修技术提供每项产品特性的维护方案，包括计划改进率和相应的维护成本，产品特性的计划改进率分别由式（5－16）和式（5－17）求出。

约束条件式（5－34）为维护成本约束；约束条件式(5－35)表示对某些产品特性值，必须满足用户要求改进的最低改进率；约束条件式（5－36）表示每个产品特性改进方案中，必须而且最多选择一个维护方案；y_{jk} 为决策变量，当 $y_{jk}=1$时，选择第 j 个产品特性的第 k 个维护方案，当 $y_{jk}=0$ 时，不选择第 j 个产品特性的第 k 个维护方案。对模型求解得到在维护成本范围内以维护度为最大的最优组合方案。

3. 模型的适用范围。

该模型适用于用户对再使用产品的价格要求落在一定的范围内，由此配置的维护成本约束为一个区间值，在维护成本约束区间［C_m^{min}，C_m^{max}］内，达到维护度最大，以实现维护性价

比最高。另外，产品特性可能不可以连续改进，每个产品特性有数个维护方案，用户对某些产品特性值有最低改进要求。

4. 模型的应用。

某批同型号水泵使用2年后被停用，准备在市场A出售，出售前利用质量屋的方法进行维护设计。所调查的水泵用户需求为外形尺寸小、噪音低、扬程变化小、水密性好、能耗低、安全可靠、使用寿命长和维修方便，技术人员认为外形尺寸和可维修性客观上已不可改变，选择可维护用户属性，噪音低、扬程变化小、水密性好、能耗低、安全可靠、使用寿命长，给予标号 A_{C1}—A_{C6}。

由此配置相关的产品特性：最大噪音、扬程变化范围、水密性、润滑状况、耗电率、可靠性和再使用寿命，分别给予标号 C_{p1}—C_{p7}，建立水泵维护设计规划的质量屋，见图5-4：产品特性自相关矩阵（上），用户属性—产品特性相关矩阵（中），产品特性改进方案矩阵（下）。产品特性的计划改进率均为在产品当前特性值基础上的改进，相应的改进成本单位为元，其中 $l_1=3$，$l_2=5$，$l_3=4$，$l_4=2$，$l_5=4$，$l_6=2$，$l_7=4$。

步骤1：权重—用户概率系数法确定用户需求权重。

专家通过模糊决策参数法确定权值矢量 W'

$W'=(0.09,\ 0.29,\ 0.29,\ 0.15,\ 0.09,\ 0.09)^{T}$

对A市场220名顾客进行调查，结果列入表5-9。

表5-9　　调查结果

用户要求	A_{C1}	A_{C2}	A_{C3}	A_{C4}	A_{C5}	A_{C6}
用户数 ζ_j	34	87	165	56	86	67

计算用户要求的主观概率向量为：

$P=(0.07,\ 0.18,\ 0.33,\ 0.11,\ 0.17,\ 0.14)$

按式（4－3）计算的市场 A 用户需求权重如图 5－4 所示。

	特性	C_{P1}	C_{P2}	C_{P3}	C_{P4}	C_{P5}	C_{P6}	C_{P7}
	C_{P1}	1	0	0	0.11	0	0	0
	C_{P2}	0	1	0	0	−0.10	0	0
	C_{P3}	0	0	1	0	0	0	0.11
	C_{P4}	0.11	0	0	1	0	0	0
	C_{P5}	0	−0.10	0	0	1	0	0
	C_{P6}	0	0	0	0	0	1	0
	C_{P7}	0	0	0.11	0	0	0	1
属性	权重	0.06	0.17	0.25	0.14	0.09	0.17	0.12
A_{C1}	0.08	1	0	0	0.45	0	0	0
A_{C2}	0.24	0	1	0	0	0	0	0
A_{C3}	0.31	0	0	1	0.09	0	0.36	0.21
A_{C4}	0.13	0	0	0	0.93	1	0	0
A_{C5}	0.13	0	0	0.34	0	0	1	0
A_{C6}	0.11	0	0	0	0.13	0	0	1
x_{i1}/c_{i1}		1.12/97	1.11/89	1.12/63	1.33/78	1.09/40	1.13/68	1.10/102
x_{i2}/c_{i2}		1.23/105	1.19/123	1.23/79	1.50/167	1.20/87	1.30/102	1.18/120
x_{i3}/c_{i3}		1.3/120	1.23/207	1.30/120		1.22/98		1.30/189
x_{i4}/c_{i4}			1.31/306	1.41/149		1.28/109		1.34/256
x_{i5}/c_{i5}			1.40/398					
计划改进率		1.3	1.19	1.41	1.33	1.09	1.13	1.18
原相对值		1.20	1.15	1.20	1.35	1.15	1.33	1.00

图 5－4 水泵再使用维护设计质量屋

步骤 2： 确定维护系数。

按式（4－5）计算产品特性权重见图 5－4，按式(4－6)计算的维护系数为：

I_m =（0.07，0.16，0.26，0.15，0.07，0.17，0.15)^T

步骤 3： 维护设计方案的优选。

根据市场 A 用户所能接受的价格范围规定总的维护成本约束为大于 580 元、小于 750 元，即 $C_m^{min}=580$ 和 $C_m^{max}=750$。用户对第 3 个和第 5 个产品特性改进要求为 $x_3 \geqslant 1.15$ 和 $x_6 \geqslant 1.12$，分别按式（5－33）—（5－37）建立规划模型，求解如表 5－10 所示。

表 5－10　　维护设计模型的优选解

方案	y_{1k}	y_{2k}	y_{3k}	y_{4k}	y_{5k}	y_{6k}	y_{7k}
1	0	0	0	1	1	1	0
2	0	1	0	0	0	0	1
3	1	0	0		0		0
4		0	1		0		0
5		0					

5. 结果分析和结论。

以维护度最大为原则，按表 5－10 优化结果，对于市场 A 最终被选中的最优维护设计方案为：（x_{13}，x_{22}，x_{34}，x_{41}，x_{51}，x_{61}，x_{72})，具体产品特性值的计划改进率见图 5－4 下部。设这批产品当前相对产品特性值为 1，则原有产品特性相对值如

图 5－4 下部所示，按式（5－8）计算原满意度为 1.21，可以看出，相对于原有特性值，这批产品为维护升级再使用。

按该模型计算的用户满意度为 1.30，提高了 30%，总维护成本和维护度分别为 698 元和 0.001863。如果以用户满意度最大为原则，建立 0，1 整数线性规划模型，最终被选中的最优维护设计方案为：（x_{13}，x_{22}，x_{34}，x_{41}，x_{51}，x_{62}，x_{72}），计算的用户满意度为 1.33，总维护成本和维护度分别为 732 元和 0.001818。可以看出，虽然用户满意度大于前者，但维护度小于前者。在维护成本约束区间内，我们应该选择性价比高的方案。

在模型中，我们考虑了每个产品特性的每个维护方案的改进率及相对应的成本和总的成本约束，考虑了用户对某些产品特性值的最低改进要求和每个产品特性的维护系数，其结果是确定各个产品特性的维护方案，也就是各个产品特性值的目标改进率。

5.4.4 混合整数非线性规划模型

1. 模型结构。

$$\max \quad D_m = \frac{\sum_{j=1}^{J_1} I_{mj} \sum_{k=1}^{l_j} \Delta x_{jk} y_{jk} + \sum_{j=J_1+1}^{J} I_{mj} \Delta x_j}{\sum_{j=1}^{J_1} \sum_{k=1}^{l_j} c_{jk} y_{jk} + \sum_{j=J_1+1}^{J} c_j \Delta x_j} \tag{5-38}$$

$$\text{s.t.} \quad C_m^{\min} \leqslant \sum_{j=1}^{J_1} \sum_{k=1}^{l_j} c_{jk} y_{jk} + \sum_{j=J_1+1}^{J} c_j \Delta x_j \leqslant C_m^{\max} \tag{5-39}$$

$$\sum_{k=1}^{l_1} y_{1k} = 1, \sum_{k=1}^{l_2} y_{2k} = 1, \cdots, \sum_{k=1}^{l_{J_1}} y_{J_1 k} = 1 \tag{5-40}$$

$$y_{jk} = 0 \text{ 或 } 1 \ (j = 1, 2, \cdots, J_1) \tag{5-41}$$

$$0 \leqslant \Delta x_j \leqslant 1 \ (j = J_1 + 1, J_1 + 2, \cdots, J) \quad (5-42)$$

以上几式中：

S——用户满意度

$C_m, C_m^{min}, C_m^{max}$——总的维护成本、成本约束的最小值和最大值

D_m——维护度

I_{mj}——第 j 个产品特性 C_{Pj}（$j=1, \cdots, J$）的维护重要度系数

Δx_{jk}——第 j 个产品特性的第 k 个维护方案的计划改进率，$j=1, 2, \cdots, J_1$

Δx_j——第 j 个产品特性的计划改进率，$j=J_1+1, J_1+2, \cdots, J$

c_{ik}——第 j 个产品特性的第 k 个维护方案的计划维护成本，$j=1, 2, \cdots, J_1$

c_j——第 j 个产品特性维护成本系数 $j= J_1+1, J_1+2, \cdots, J$

l_j——第 j 个产品特性维护方案个数，$j=1, 2, \cdots, J_1$

y_{jk}——决策变量，$j=1, 2, \cdots, J_1$

$$y_{jk} = \begin{cases} 1 & \text{选择第 } j \text{ 个产品特性的第 } k \text{ 个维护方案} \\ 0 & \text{否则} \end{cases}$$

2. 模型分析。

如果产品停用后其特性有的能连续改进，有的不能连续改进，技术人员根据产品的技术状态和现有的维修技术确定不能连续改进的产品特性的维护方案，由计划改进率和相应的维护成本构成，以维护度最大、总维护成本为约束区间建立混合整数非线性规划模型。

该模型中所有产品特性的计划改进率分别由式（5-2）

和式（5-3）求出，y_{jk}为0,1决策变量，约束条件式(5-40)表示第1，2，…，J_1个产品特性改进方案中必须而且最多选择一个维护方案，Δx_j也是决策变量，模型规划出第J_1+1，J_1+2，…，J个产品特性的计划改进率。对于连续改进的产品特性，规划出目标值，对于不能连续改进的产品特性，选择产品特性的维护方案，最终组成一个最优的维护设计方案。

3．模型的适用范围。

该模型适用于产品特性中产品特性值有的能连续改进而有的不能连续改进的情况。用户对再使用产品的价格要求落在一定的范围内，由此配置的维护成本约束为一个区间值，在维护成本约束区间［$C_{\mathrm{m}}^{\min}$，$C_{\mathrm{m}}^{\max}$］内，达到维护度最大，以实现维护性价比最高。

4．模型的应用。

某批同型号水泵使用2年后被停用，准备在市场A出售，出售前利用质量屋的方法进行维护设计。所调查和确定的水泵用户属性为水密性好、能耗低、安全可靠和再使用寿命长，分别给予标号A_{c1}—A_{c4}，由此配置相关的产品特性：水密性、耗电率、润滑状况、可靠性和再使用寿命，分别给予标号C_{p1}—C_{p5}。

专家用模糊决策参数法确定相关系数和自相关系数，建立水泵维护设计规划的质量屋，见图5-5：产品特性自相关矩阵（上），用户属性—产品特性相关矩阵（中），产品特性改进方案矩阵（下）。相应的改进成本单位为千元，其中水密性和耗电率不能连续改进，$l_1=3$，$l_2=4$。润滑状况、可靠性和再使用寿命可以连续改进。这里成本的单位为千元。

用户属性	产品特性	C_{p1}	C_{p2}	C_{p3}	C_{p4}	C_{p5}
	水密性（C_{p1}）	1	0	0	0	0.13
	能耗率（C_{p2}）	0	1	0.14	0	0
	润滑状况（C_{p3}）	0	0.14	1	0	0
	可靠性（C_{p4}）	0	0	0	1	0
	再使用寿命（C_{p5}）	0.13	0	0	0	1
用户属性	权重	0.32	0.24	0.17	0.13	0.14
水密性好（A_{c1}）	0.39	1	0	0	0	0
能耗低（A_{c2}）	0.29	0	1	0.52	0	0
安全可靠（A_{c3}）	0.15	0	0	0.11	1	0
再使用寿命长（A_{c4}）	0.17	0	0	0.20	0	1
	单位	0—1	kW·h	0—1	%	h
	当前值	0.51	3	0.42	97	2100
	计划最优值	0.90	2.60	0.93	99	2400
	原有值	0.85	2.70	0.95	98	2100
	计划改进值（成本）	0.62 (0.09)	2.90 (0.15)			
		0.83 (0.20)	2.83 (0.19)			
		0.90 (0.24)	2.65 (0.26)			
			2.60 (0.28)			
	成本系数			0.09	0.25	0.32

图 5-5　水泵再使用维护设计质量屋

由式（5－2）和式（5－3）计算的计划改进率 $\Delta x_{11}=0.49$，$\Delta x_{12}=0.82$，$\Delta x_{13}=1$，$\Delta x_{21}=0.25$，$\Delta x_{22}=0.425$，$\Delta x_{23}=0.875$，$\Delta x_{24}=1$。

用专家权重—用户概率系数法确定用户需求权重，专家通过模糊决策参数法确定权值矢量 W'：

$W'=(0.46,0.26,0.14,0.14)^{T}$

对 A 市场 200 名顾客进行调查，将调查结果列入表 5－11。

表 5－11　　调查结果

用户属性	A_{C1}	A_{C2}	A_{C3}	A_{C4}
ζ_j	175	178	81	113

计算用户要求的主观概率向量为：

$P=(0.32\ 0.33\ 0.15\ 0.20)^{T}$

按式（4－3）计算的市场 A 用户属性权重如图 5－5 所示。

由式（4－5）计算的产品特性权重见图 5－5，按式（4－6）计算的维护系数为：

$I_m=(0.34,0.26,0.20,0.13,0.18)$

根据市场 A 用户所能接受的价格范围规定总的维护成本约束为大于 510 元并小于 640 元，即 $C_m^{min}=0.51$、$C_m^{max}=0.64$（计算时采用千元为单位），维护成本约束区间为［0.51，0.64］。下面分别按式（5－38）—（5－42）建立规划模型 NP。

$$\max \quad D_m = \frac{0.17y_{11}+0.28y_{12}+0.35y_{13}+0.07y_{21}+0.11y_{22}+0.23y_{23}+0.26y_{24}+0.20\Delta x_3+0.13\Delta x_4+0.18\Delta x_5}{0.09y_{11}+0.20y_{12}+0.24y_{13}+0.15y_{21}+0.19y_{22}+0.26y_{23}+0.28y_{24}+0.09\Delta x_3+0.25\Delta x_4+0.32\Delta x_5}$$

s. t. $0.51 \leqslant 0.09y_{11}+0.20y_{12}+0.24y_{13}+0.15y_{21}+0.19y_{22}+0.26y_{23}+0.28y_{24}+0.09\Delta x_3+0.25\Delta x_4+0.32\Delta x_5 \leqslant 0.64$

$$\sum_{k=1}^{3} y_{1k} = 1, \sum_{k=1}^{4} y_{2k} = 1$$

$y_{jk} = 0 \text{or} 1 \ (j=1, 2)$

$0 \leqslant \Delta x_j \leqslant 1 \ (j=3, 4, 5)$

如果成本约束被看作是一个确定的值，求平均值（0.51+0.64）/2=0.575，那么可以建立以用户满意度最大为目标的线性模型1（LP1）。

$\max \quad S = 0.17y_{11}+0.28y_{12}+0.35y_{13}+0.07y_{21}+0.11y_{22}+0.23y_{23}+0.26y_{24}+0.20\Delta x_3+0.13\Delta x_4+0.18\Delta x_5$

s. t. $0.09y_{11}+0.20y_{12}+0.24y_{13}+0.15y_{21}+0.19y_{22}+0.26y_{23}+0.28y_{24}+0.09\Delta x_3+0.25\Delta x_4+0.32\Delta x_5 = 0.575$

$$\sum_{k=1}^{3} y_{1k} = 1, \sum_{k=1}^{4} y_{2k} = 1$$

$y_{jk} = 0 \text{or} 1 \ (j=1, 2)$

$0 \leqslant \Delta x_j \leqslant 1 \ (j=3, 4, 5)$

如果LP1的成本约束被替换为 $0.51 \leqslant C_m \leqslant 0.64$，则得到线性模型2（LP2）。

模型NP，LP1和LP2的优化结果列入表5-12。

表 5－12 优化结果

模型	y_{11}	y_{12}	y_{13}	y_{21}	y_{22}	y_{23}	y_{24}	Δx_3	Δx_4	Δx_5	S	C_m	D_m
NP	0	0	1	0	0	0	1	1	0	0	0.81	0.61	1.33
LP1	0	0	1	0	1	0	0	1	0	0.17	0.69	0.575	1.20
LP2	0	0	1	0	0	0	1	1	0	0.09	0.83	0.64	1.29

由表 5－12 可见，在成本约束范围内，模型 NP 的维护度最高，是一种经济可行的方案，如表 5－13。

表 5－13 水泵再使用的设计方案

产品特性	计划改进率	计划改进值	操作量	实际改进率	实际改进值
C_{P1}	1	0.90	0.49	1	0.90
C_{P2}	1	2.60	－0.40	1.14	2.42
C_{P3}	1	0.93	0.51	1.14	1.00
C_{P4}	0	97	0	0	97
C_{P5}	0	2100	0	0.13	2139

5. 结果分析和结论。

维护方案为提高水密性和润滑状况，降低能耗率（实际为改进产品特性），对可靠性和再使用寿命不操作，但是再使用寿命的实际改进值由于水密性的提高而有所提高。

原有产品特性相对值为（0.87，0.75，1.04，0.50，0），产品特性的权重（0.32，0.24，0.17，0.13，0.14）加权和为 0.70，即用户对原有值的满意度小于方案设计的满意度，相对于原有特性值，这批产品为维护升级再使用。

5.5　部件维护模型

前面所研究的是产品级再使用维护设计质量功能配置中质量屋1（HoQ1）的建立与产品特性改进目标值的规划。产品特性维护的目标值确定后，下一步应该找出与之相关的部件进行维护。同理，可分为建立质量屋2（HoQ2）和部件维护目标值的确定两个关键步骤。

5.5.1　建立部件维护质量屋

建立质量屋2（HoQ2）需要收集和确定以下信息和数据：

1. 确定与产品特性相关的部件，即需要维护的部件，如对于4.4节案例A市场的再使用用户确定的产品特性有水密性、扬程变化范围、最大噪音、润滑状况、耗电率、可靠性和再使用寿命，确定与这些产品特性相关的部件1—5。

2. 确定产品特性与部件间的关系数，可采用模糊决策参数法。

3. 如果部件间有相关关系，确定部件相关的自相关矩阵，可采用模糊决策参数法。

收集好以上信息和数据后，再确定部件维护重要度系数。

部件的权重 I'_c 是由与之相关的产品特性的维护重要度系数和关系数确定的：

$$I'_{cz} = \sum_{j=1}^{J} I_{mj} a_{jz} \tag{5-43}$$

上式中：

I'_{cz}——第 z 个部件的绝对权重，设有 Z 个部件，$z=1$，2，…，Z

I_{mj}——第 j 个产品特性 $C_{Pj}(j=1,\cdots,J)$ 的维护重要度系数

a_{jz}——第 j 个产品特性和第 z 个部件间的关系数

归一化部件的权重为：

$$I'_{cz} = \frac{I'_{cz}}{\sum_{z=1}^{Z} I'_{cz}} \tag{5-44}$$

如果部件间不存在相关关系，部件的权重就是部件的维护重要度系数，即 $I_{cz}=I'_{cz}$；如果部件间存在相关关系，部件的维护重要度系数不仅与自身权重有关，还与其他与之相关的部件权重和关系数相关[120]：

$$I_{cz} = I'_{cz} + \sum_{\substack{k=1 \\ k\neq z}}^{Z} I'_{cz} b_{zk} = \sum_{k=1}^{Z} I'_{cz} b_{zk} \tag{5-45}$$

上式中 b_{zk} 为第 z 个部件和第 k 个部件之间的关系数，$k=1$，2，…，Z，设自相关系数为 1，即 $b_{zz}=1$。

5.5.2 质量屋决策

由 5.1—5.3 节规划模型得到产品特性改进目标值后，由于产品特性改进目标值已知，可仿照 5.2 节给出的维护成本最低的规划设计模型建立以维护成本最低为目标，部件维护目标值为决策变量的规划设计模型求解。

另外，我们也可直接由各个部件的表现值确定用户满意

度，部件的表现值由部件的各项功能综合指标值确定，可采用模糊层次分析法等。

设第 z 个部件的表现值提高率 d_z，用户满意度改进率 $S=f(d_1,d_2,\cdots,d_z)$，用加权和的形式表示为 $S=\sum_{z=1}^{Z}I_{cz}d_z$。

部件维护时需要一定的成本，为了得到目标维护值，当超过一定的成本时，不如更换部件。如何确定部件维护的目标值，如何确定维护还是更换，在这里我们可建立下面的混合整数规划模型

$$\max \quad S=\sum_{z=1}^{Z}I_{cz}d_z y_{1z}+\sum_{z=1}^{Z}I_{cz}d_{oz}y_{2z} \tag{5-46}$$

$$\text{s.t.} \quad \sum_{z=1}^{Z}c_z d_z y_{1z}+\sum_{z=1}^{Z}c_{oz}y_{2z}=C_{\mathrm{m}} \tag{5-47}$$

$$y_{1z}+y_{2z}=1 \tag{5-48}$$

$$y_{1z},\ y_{2z}\text{为}0,\ 1\text{变量} \tag{5-49}$$

$$0\leqslant d_z\leqslant 1 \tag{5-50}$$

以上几式中：

S——用户对产品的满意度改进率

I_{cz}——第 z 个部件的维护重要度系数

d_z——决策变量，第 z 个部件的表现值提高率决策变量

c_z——第 z 个部件的维护成本系数

d_{oz}——更换第 z 个部件的表现值提高率

c_{oz}——更换第 z 个部件的成本

C_{m}——总的维护成本约束

y_{1z}，y_{2z}——决策变量

$$y_{1z}=\begin{cases}0 & \text{更换部件}\\1 & \text{维护部件}\end{cases}$$

$$y_{2z}=\begin{cases}0 & \text{维护部件}\\1 & \text{更换部件}\end{cases}$$

5.5.3 模型的应用

采用4.4节案例，由用户属性配置的产品特性为水密性、扬程变化范围、最大噪音、润滑状况、耗电率、可靠性和再使用寿命，确定与这些产品特性相关的部件1—5。由专家用模糊决策参数法确定产品特性和部件间的相关关系，这里假定部件间没有自相关关系。由4.4节案例所配置的产品特性维护重要度系数可配置成部件维护重要度系数，按式（5-43）和式（5-44）计算部件权重，这里将部件维护重要度系数列入图5-6。图5-6中上部为产品特性和部件间的相关关系矩阵，下部为部件维护矩阵，成本的单位为千元。

设维护成本约束为固定值0.34千元，按照式（5-46）—（5-50）建立模型为：

$$\max\quad 0.39d_1y_{11}+0.11d_2y_{12}+0.19\ d_3y_{13}+0.15d_4y_{14}+0.16d_5y_{15}+0.39y_{21}+0.11y_{22}+0.17y_{23}+0.15y_{24}+0.16y_{25}$$

$$\text{s. t.}\quad 0.12d_1y_{11}+0.32d_2y_{12}+0.23d_3y_{13}+0.45d_4y_{14}+0.50d_5y_{15}+0.10y_{21}+0.40y_{22}+0.32y_{23}+0.46y_{24}+0.56y_{25}=0.34$$

$$y_{1z}+y_{2z}=1,\ z=1,\ 2,\ \cdots 5$$

$$y_{1z},\ y_{2z}=0\text{ 或 }1$$

$$0\leqslant d_z\leqslant 1,\ z=1,\ 2,\ \cdots 5$$

	部件	部件 1	部件 2	部件 3	部件 4	部件 5
产品特性	维护系数	0.39	0.11	0.19	0.15	0.16
水密性	0.29	1	0	0	0	0.35
扬程变化范围	0.11	0	0.85	0	0	0
最大噪音	0.04	0	0	0.76	0	0
耗电率	0.17	0	0.11	1	0	0
润滑状况	0.15	0	0	0	0.56	0
可靠性	0.16	0.47	0	0	0.45	0
再使用寿命	0.10	0.34	0	0	0	0.65
维护成本系数		0.12	0.32	0.23	0.45	0.50
更换成本		0.10	0.40	0.32	0.46	0.56
更换提高率		1	1	0.91	1	1

图 5-6　水泵再使用维护设计质量屋 2

求得解如表 5-14 所示：

表 5-14　　　　优化结果

决策变量	d_1	d_2	d_3	d_4	d_5	y_{11}	y_{12}	y_{13}	y_{14}	y_{15}	y_{21}	y_{22}	y_{23}	y_{24}	y_{25}
最优解	0	0.44	0	0.10	0.11	0	1	1	1	1	1	0	0	0	0
方案	—	—	—	—	—	更换	维护	维护	维护	维护	更换	维护	维护	维护	维护

5.5.4　结果分析和结论

根据表 5－14 的优化结果，部件的维护方案为：更换部件 1，维护部件 2、4、5，部件 3 不进行维护或更换，因为部件 1 的更换成本低于维护成本系数。部件表现值的提高率为（1，0.44，0.10，0.11），用户满意度为 0.47，即将用户满意度提高了 47%。

该模型很好地解决了为了得到目标维护值，如何确定维护还是更换的决策问题。同理，我们可根据实际情况，建立不同的部件维护模型。维护成本约束为区间值时，选择维护度最大为目标建立非线性规划模型；根据部件维护提高的可连续性和不可连续性建立 0，1 整数规划模型和混合整数规划模型；由 5.1—5.3 节规划模型得到产品特性改进目标值后，可建立以维护成本最低为目标的规划设计模型。

5.6　小　　结

1. 本章给出了计划改进率和实际改进率的关系，为了提高可操作性，指出决策变量是计划改进率，而不是实际改进率，由此体现在目标函数和约束条件式的准确建立上。

2. 在维护成本确定的条件下，建立了用户满意度最大为目标的线性规划模型、0，1 整数规划模型和混合整数规划模型，以适应产品特性可否连续改进的实际情况。

3. 在用户对每个需要维护的用户属性有具体要求的情况

下，建立了维护成本最低为目标的线性规划模型。

4. 在维护成本约束为一区间数的条件下，定义了一个新的概念——维护度，按照价值工程的原理，建立了以维护度最大为目标的非线性规划模型、0，1 整数规划模型和混合整数规划模型，以实现维护性价比最高。

5. 本章给出了质量屋 2，即部件维护质量屋的建模过程，建立了一个混合整数规划模型，很好地解决了在一定的成本约束下，为了得到目标维护值，如何确定部件维护还是更换的决策问题。

6. 本章建立产品级再使用维护设计模型的基本思想和方法，可应用于产品改进设计或其他领域。

6 产品级再使用维护的模糊设计

6.1 引 言

由于停用后产品技术状态的模糊性，大部分情况下再使用用户对产品的接受价格不是一个确切的量，由此决定的维护成本也是个区间值或模糊值。在 5.3 节中，我们讨论了维护成本约束为一个区间值的维护方案规划设计，只要维护成本在区间内，再使用用户就满意。但有时候，用户对再使用产品的价格要求是一个模糊数，比如 1000 元左右、大约 500 元等，由此配置的维护成本也是个模糊数，用户满意度目标值也具有一定的模糊性。在实践中，用户对用户属性的要求改进率通常也具有一定的模糊性，降一点期望值，可能得到成本更低的维护方案。因此，我们应用模糊理论研究维护成本约束为模糊约束和用户要求改进约束为模糊约束的产品级再使用维护方案。

6.2 模糊线性规划

经典线性规划模型（LP）为：

$$\begin{aligned} \max \quad & z = cx \\ \text{s.t.} \quad & Ax \leqslant b \\ & x \geqslant 0 \end{aligned}$$

线性规划的实际问题往往带有模糊性，比如，约束条件可能是有弹性的，允许有一定的伸缩范围。约束条件或目标函数的线性式的系数可以是不确定的模糊系数，这一类线性规划问题称为模糊线性规划（FLP），可以用模糊数学的方法求解。这里主要介绍约束条件有伸缩性的 FLP，其形式为：

$$\begin{aligned} \max \quad & z = cx \\ \text{s.t.} \quad & Ax \underset{\sim}{\leqslant} b \\ & x \geqslant 0 \end{aligned}$$

式中：

$$A = \begin{bmatrix} a_{11} & a_{12} & \cdots & a_{1n} \\ a_{21} & a_{22} & \cdots & a_{2n} \\ \cdots & \cdots & \cdots & \cdots \\ a_{m1} & a_{m2} & \cdots & a_{mn} \end{bmatrix}, b = \begin{bmatrix} b_1 \\ b_2 \\ \cdots \\ b_m \end{bmatrix}$$

“$\underset{\sim}{\leqslant}$”表示“约小于等于”。约小于等于是一个模糊概念，可以用一个模糊集合来表示它。

设 $a_i =$ （a_{i1}，a_{i2}，$\cdots$，a_{in}），则 $a_i x \underset{\sim}{\leqslant} b_i, i = 1, 2, \cdots, m$，表

示约束条件的第 i 行。我们用模糊集合 $\underset{\sim}{D}_i$ 表示 $a_ix \underset{\sim}{\leqslant} b_i$，即"$a_ix$ 约小于等于 b_i"，那么，当 $a_ix \leqslant b_i$ 时，a_ix 肯定符合这一事实，应有 $\underset{\sim}{D}_i(x)=1$。适当地选择一个伸缩系数 d_i，当 $a_ix > b_i + d_i$ 时，肯定不符合"a_ix 约小于等于 b_i"这一概念，此时应有 $\underset{\sim}{D}_i(x)=0$。伸缩系数越小，表示第 i 个约束越重要、越严格，在 b_i 和 b_i+d_i 这一区间范围内，即 $a_ix \in [b_i, b_i+d_i]$时，$\underset{\sim}{D}_i(x)$ 应从 1 下降到 0，为了简单计算，一般将 $\underset{\sim}{D}_i(x)$取为 a_ix 的线性函数，于是 $\underset{\sim}{D}_i(x)$ 可以通过 a_ix 的函数表示：

$$\underset{\sim}{D}_i(x) = g_i(a_ix)$$

$$= \begin{cases} 1 & a_ix \leqslant b_i \\ 1 - \dfrac{a_ix - b_i}{d_i} & b_i < a_ix \leqslant b_i + d_i \\ 0 & a_ix > b_i + d_i \end{cases}$$

$$= \begin{cases} 1 & \sum\limits_{j=1}^{n} a_{ij}x_j \leqslant b_i \\ 1 - \dfrac{1}{d_i}\left(\sum\limits_{j=1}^{n} a_{ij}x_j - b_i\right) & b_i < \sum\limits_{j=1}^{n} a_{ij}x_j \leqslant b_i + d_i \\ 0 & \sum\limits_{j=1}^{n} a_{ij}x_j > b_i + d_i \end{cases}$$

$$i = 1, 2, \cdots, m$$

上式也可以用图形表示，如图 6-1。

经过这种处理，我们将有伸缩的约束换成了模糊约束。再令 $\underset{\sim}{D} = \bigcap\limits_{i=1}^{m} \underset{\sim}{D}_i$，则将 m 个约束综合为一个模糊约束 $\underset{\sim}{D}$。

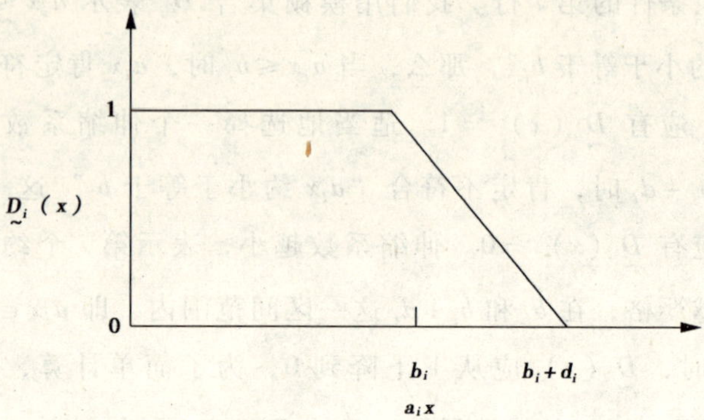

图 6－1　$\underset{\sim}{D}_i(x)$

约束的伸缩性必然导致目标的伸缩性，因此也要将目标模糊化。目标模糊化的方法如下：

先根据约束伸缩范围两端 b_i 和 b_i+d_i 解这两个端点约束下的经典线性规划，即

$$\begin{aligned} \max \quad & z=cx \\ \text{s.t.} \quad & Ax \leqslant b \\ & x \geqslant 0 \end{aligned}$$

和

$$\begin{aligned} \max \quad & z=cx \\ \text{s.t.} \quad & Ax \leqslant b+d \\ & x \geqslant 0 \end{aligned}$$

上中式中 $b+d=(b_1+d_1, b_2+d_2, \cdots, b_m+d_m)^{\mathrm{T}}$，$b$ 和 $b+d$是伸缩性约束范围的两端。

设 $z_0=\max\{z \mid z=cx, Ax\leqslant b, x\geqslant 0\}$，即前一个线性规划的解。它对应的模糊约束 $\underset{\sim}{D}(x)=1$，那么只要适当降低模糊约束的隶属度 $\underset{\sim}{D}(x)$，目标函数的值就可相应提高。设 z_0+d_0

$=\max\{z \mid z=cx,\ A_x \leqslant b+d,\ x \geqslant 0\}$，$z_0+d_0$ 满足的约束条件已放宽到最大的伸缩范围 $Ax \leqslant b+d$；对应的模糊约束 $\underset{\sim}{D}(x)=0$。可见，约束的伸缩性导致了目标的伸缩性，具体讲，约束的伸缩范围设为 $[b,\ b+d]$，它导致了目标有 $[z_0,\ z_0+d_0]$ 的伸缩范围。

由以上分析，目标的伸缩性可表示为 $z=cx \underset{\sim}{\geqslant} z_0$，伸缩系数可设为 d_0。同样，取隶属函数为线性函数，将目标函数模糊化，则有：

$$\underset{\sim}{G}(x)=g\left(\sum_{j=1}^{n} c_j x_j\right)$$

$$=\begin{cases} 0 & \sum\limits_{j=1}^{n} c_j x_j \leqslant z_0 \\ \dfrac{1}{d_0}\left(\sum\limits_{j=1}^{n} c_j x_j - z_0\right) & z_0 < \sum\limits_{j=1}^{n} c_j x_j \leqslant z_0+d_0 \\ 1 & \sum\limits_{j=1}^{n} c_j x_j > z_0+d_0 \end{cases}$$

$\underset{\sim}{G}(x)$ 可用图形表示，如图 6－2。

由模糊目标 $\underset{\sim}{G}$ 的上述隶属函数定义可知，当 $\underset{\sim}{D}(x)=1$ 时，有 $\underset{\sim}{G}(x)=0$，要提高目标函数的值，使之增大，则必须降低 $\underset{\sim}{D}(x)$，即放宽约束。为了兼顾目标与约束，按模糊判决的思想[141—146]，定义约束条件有伸缩的 FLP 问题的模糊判决为：

$$\underset{\sim}{D}_f=\underset{\sim}{D}\cap\underset{\sim}{G}$$

设最佳判决为 x^*，x^* 满足：

$$\underset{\sim}{D}_f(x^*)=\max_{x\geqslant 0}\underset{\sim}{D}_f(x)=\max_{x\geqslant 0}\left(\underset{\sim}{D}(x)\wedge\underset{\sim}{G}(x)\right)$$

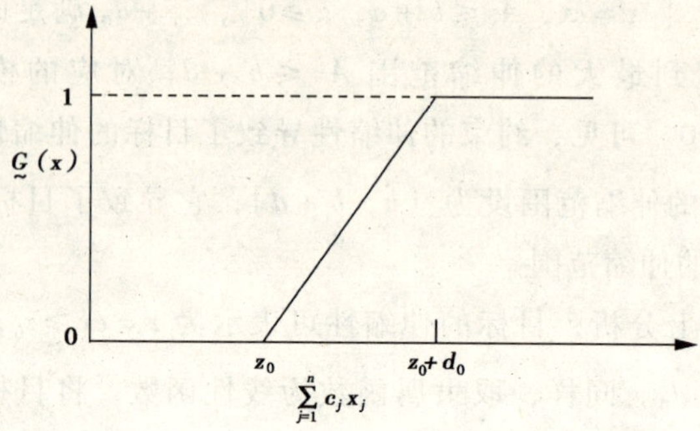

图 6－2　$\underset{\sim}{G}(x)$

令 $\lambda=(\underset{\sim}{D}(x)\wedge\underset{\sim}{G}(x)\in[0,1]$，有 $\underset{\sim}{D}(x)\geqslant\lambda$，$\underset{\sim}{G}(x)\geqslant\lambda$

因此得：

$$\max_{x\geqslant 0}(\underset{\sim}{D}(x)\wedge\underset{\sim}{G}(x))=\max_{x\geqslant 0}\{\lambda\mid\underset{\sim}{D}(x)\geqslant\lambda,\underset{\sim}{G}(x)\geqslant\lambda\}$$
$$=\max_{x\geqslant 0}\{\lambda\mid\underset{\sim}{D}_1(x)\geqslant\lambda,\underset{\sim}{D}_2(x)\geqslant\lambda,\cdots,\underset{\sim}{D}_m(x)\geqslant\lambda,\underset{\sim}{G}(x)\geqslant\lambda\}$$

于是，求最佳判决 x^* 的问题可以转化为求解以下经典线性规划的问题。

$$\max \quad \lambda$$

$$\text{s.t.} \quad 1-\frac{1}{d_i}\left(\sum_{j=1}^{n}a_{ij}x_j-b_i\right)\geqslant\lambda, i=1,2\cdots,m$$

$$\frac{1}{d_0}\left(\sum_{j=1}^{n}c_jx_j-z_0\right)\geqslant\lambda$$

$$0\leqslant\lambda\leqslant 1$$

$$x\geqslant 0$$

或者

$$\max \quad \lambda$$

$$\text{s.t.} \quad \sum_{j=1}^{n}a_{ij}x_j+d_i\lambda\leqslant b_i+d_i, i=1,2\cdots,m$$

$$\sum_{j=1}^{n} c_j x_j - d_0 \lambda \geq z_0$$

$$0 \leq \lambda \leq 1$$

$$x \geq 0$$

上式是求最优解（x_1^*，x_2^*，…，x_n^*，λ^*）的经典 LP 问题，还可以写成如下形式：

$$\max \quad \lambda$$

$$\text{s.t.} \quad a_i x \leq b_i + (1-\lambda) d_i, i = 1, 2, \cdots, m$$

$$cx \geq z_0 + d_0 \lambda$$

$$0 \leq \lambda \leq 1$$

$$x \geq 0$$

由上式可以看出，最大的 λ 解可以使得约束条件伸缩到最小，而且目标函数取值最大[139]。

求解上述经典线性规划问题，可得：

最佳判决 $x^* =$（x_1^*，x_2^*，…，x_n^*，λ^*）

目标函数值 $z^* = cx^* = \sum_{j=1}^{n} c_j x_j^*$

6.3 用户满意度最大的模糊设计

如果由价格接受程度所决定的维护成本约束是一个模糊量，用传统的线性规划难以解决这个问题，则应用上节所述模糊理论，可以建立以用户满意度最大为目标的维护设计的模糊线性规划模型。

6.3.1 模型结构

$$\max \quad S(\Delta x) = \sum_{j=1}^{J} I_{mj} \Delta x_j \tag{6-1}$$

$$\text{s.t.} \quad \sum_{j=1}^{J} c_j \Delta x_j \underset{\sim}{=} C_m \tag{6-2}$$

$$0 \leqslant \Delta x_j \leqslant 1 (j = 1, 2, \cdots, J) \tag{6-3}$$

式中：

S——用户满意度

I_m——产品特性 C_{Pj}（$j=1$，2，…，J）权重

Δx_j——产品特性的计划改进率

c_j——产品特性改进的成本系数

C_m——维护总成本

6.3.2 模型分析

决策变量为产品特性的计划改进率，由式（5-2）和（5-3）求出。

维护改进成本为 $C_m(\Delta x) = \sum_{j=1}^{J} c_j \Delta x_j$，约束条件式（6-2）中“$\underset{\sim}{=}$”表示模糊约束，设 $t = \sum_{j=1}^{J} c_j \Delta x_j$，对于模糊约束 $t \underset{\sim}{=} C_m$，对应一个模糊集 $\underset{\sim}{A}$，其隶属函数可定义为：

$$\underset{\sim}{A}(t) = \begin{cases} 0 & t < C_m - d \\ 1 + \dfrac{t - C_m}{d} & C_m - d \leqslant t_i < C_m \\ 1, & t = C_m \\ 1 - \dfrac{t - C_m}{d} & C_m < t \leqslant C_m + d \\ 0 & t - C_m > d \end{cases}$$

上式中 d 为维护成本的伸缩指标，$d \geqslant 0$。

维护成本的伸缩指标由市场调查的价格伸缩范围确定。

6.3.3 模型求解算法

为了求得目标函数在模糊约束下的最优解，需要将目标函数模糊化。$t_0 = \sum_{j=1}^{J} I_{mj}\Delta x_j$，设 S_0 为普通线性规划（LP1），即 FLP 的约束条件式（6－2）换成普通约束 $t_0 = C_m$ 的目标函数的最优值；$S_0 + d_0$ 是普通线性规划（LP2），即 FLP 的约束条件式（6－2）换成 $C_m - d \leqslant t_0 \leqslant C_m + d$ 目标函数的最优值，相应的模糊目标集 $\underset{\sim}{G}$ 可定义为：

$$\underset{\sim}{G}(t_0) = \begin{cases} 0 & t_0 < S_0 \\ \dfrac{t_0 - S_0}{d_0} & S_0 \leqslant t_0 < S_0 + d_0 \\ 1 & t_0 \geqslant S_0 + d_0 \end{cases}$$

d_0 也可由决策人确定，是目标函数值的伸缩指标。

为了兼顾模糊约束集 $\underset{\sim}{A}$ 和模糊目标集 $\underset{\sim}{G}$，采用 $\underset{\sim}{A} \cap \underset{\sim}{G}$ 进行模糊判决，再用最大隶属度原则求 FLP 的最优解，由此产生一个新的普通线性规划（LP3）。λ 在模糊数学中称为阈值或置信水平，在此视为一变量。

LP3：$\max g = \lambda$

$$\text{s. t.} \sum_{j=1}^{J} I_{mj}\Delta x_j - d_0\lambda \geqslant S_0$$

$$\sum_{j=1}^{J} c_j\Delta x_j - d\lambda \geqslant C_m - d$$

$$\sum_{j=1}^{J} c_j\Delta x_j + d\lambda \leqslant C_m + d$$

$$0 \leqslant \Delta x_j \leqslant 1 \ (j = 1, \cdots, J), \lambda \geqslant 0$$

求出上述线性规划的最优解（$\Delta x_1^*, \Delta x_2^*, \cdots, \Delta x_n^*, \lambda$），则 FLP 的最优解为（$\Delta x_1^*$，$\Delta x_2^*$，…，$\Delta x_n^*$）。该最优解既兼顾了 $\sum_{j=1}^{J} c_j \Delta x_j \underset{\sim}{=} C_m$ 的满意程度，又考虑了 S 极大。

6.3.4 模型的应用

某批同型号水泵使用 2 年后被停用，准备在市场 A 出售，出售前利用 QFD 的方法进行产品级再使用维护设计。可建立质量屋如图 6－3 所示，成本的单位为千元。

由用户所能接受的价格范围确定维护成本范围在 0.58 千元，伸缩指标为 0.06 千元，用传统的线性模型难以解决该问题，而用我们提出的模糊线性模型可以解决此问题。

计算的产品特性的维护重要度系数为：

$$I_m = (0.34, 0.26, 0.20, 0.13, 0.18)$$

应用我们提出的方法得到 FLP 模型：

$$\max \quad S = 0.34\Delta x_1 + 0.26\Delta x_2 + 0.20\Delta x_3 + 0.13\Delta x_4 + 0.18\Delta x_5$$

$$\text{s.t.} \quad 0.21\Delta x_1 + 0.28\Delta x_2 + 0.09\Delta x_3 + 0.25\Delta x_4 + 0.32\Delta x_5 \underset{\sim}{=} 0.58$$

$$0 \leqslant \Delta x_j \leqslant 1, \ j = 1, 2, \cdots, 5$$

分别建立 LP1 和 LP2，得到目标最优值 0.80 和 0.83375，那么 $d_0 = 0.83375 - 0.80 = 0.03375$，由此得到 LP3。

$$\max g = \lambda$$

$$\text{s.t.} \quad 0.34\Delta x_1 + 0.26\Delta x_2 + 0.20\Delta x_3 + 0.13\Delta x_4 + 0.18\Delta x_5 - 0.03375\lambda \geqslant 0.80$$

产品特性		水密性	耗电率	润滑状况	可靠性	再使用寿命
水密性		1	0	0	0	0.13
耗电率		0	1	0.14	0	0
润滑状况		0	0.14	1	0	0
可靠性		0	0	0	1	0
再使用寿命		0.13	0	0	0	1
用户属性	权重	0.32	0.24	0.17	0.13	0.14
水密性好	0.39	1	0	0	0	0
能耗低	0.29	0	1	0.52	0	0
安全可靠	0.15	0	0	0.11	1	0
使用寿命长	0.17	0	0	0.20	0	1
单位		0—1	kW·h	0—1	%	h
当前特性值		0.51	3	0.42	97	2100
最优值		0.90	2.70	0.93	99	2400
成本系数		0.21	0.28	0.09	0.25	0.32

图 6-3　水泵再使用维护设计的质量屋

$$0.21\Delta x_1 + 0.28\Delta x_2 + 0.09\Delta x_3 + 0.25\Delta x_4 + 0.32\Delta x_5 - 0.06\lambda \geqslant 0.52$$

$$0.21\Delta x_1 + 0.28\Delta x_2 + 0.09\Delta x_3 + 0.25\Delta x_4 + 0.32\Delta x_5 + 0.06\lambda$$

$\leqslant 0.64$

$$0 \leqslant \Delta x_j \leqslant 1, j=1, 2, \cdots, 5, 0 \leqslant \lambda \leqslant 1$$

优化结果如表 6－1 所示。

表 6－1　　水泵再使用维护模糊设计优化结果

产品特性	计划改进率	计划改进值	操作量	λ	S	C_m
C_{p1}	1	0.90	0.39			
C_{p2}	1	2.70	－0.30			
C_{p3}	1	0.93	0.51	0.5	0.817	0.61
C_{p4}	0	97	0			
C_{p5}	0.094	2128.20	128.20			

6.3.5　结果分析和结论

从表 6－1 中看出最终优化方案的建议是：第一，提高水密性、润滑状况和再使用寿命目标值；第二，降低耗电率的目标值（效果为改进产品特性）；第三，对可靠性不进行操作。

在满意度方面，LP1 的优化结果 $S=0.80$，增加了 0.017。这是弹性约束的缘故，维护成本增加了 $0.61-0.58=0.03$ 千元。该最优解既兼顾了成本约束的满意程度，又考虑了用户满意度极大。

6.4 维护成本最低的模糊设计

如果用户对每个需要维护的用户属性的改进要求具有一定的模糊性，我们以维护成本最小化为目标，把用户需求改进要求约束视为模糊约束，建立模糊规划模型，帮助维护人员设计出有效的维护方案。

6.4.1 模型结构

$$\min \quad C_{\mathrm{m}} = \sum_{j=1}^{J} c_j \Delta x_j \tag{6-4}$$

$$\text{s.t.} \quad \sum_{j=1}^{J} r_{ij} \Delta x_j^r \underset{\sim}{\geqslant} y_i \qquad i = 1,2,\cdots,I \tag{6-5}$$

$$\sum_{k=1}^{J} p_{jk} \Delta x_k = \Delta_j^r \quad j = 1,2,\cdots,J \tag{6-6}$$

$$0 \leqslant x_j \leqslant 1 \quad j = 1,2,\cdots,J \tag{6-7}$$

以上几式中：

C_{m}——维护成本

c_j——产品特性的改进成本系数

Δx_j——产品特性的计划改进率

Δx_j^r——产品特性的实际改进率

y_i——用户需求改进率

r_{ij}——用户需求和产品特性之间的关联系数，可用模糊决

策参数法确定

p_{kj}——产品特性之间的相关系数，可用模糊决策参数法确定

其中“$\underset{\sim}{\geqslant}$”表示弹性约束，意思是近似大于等于。设 $X=\{x \mid x\in R^n, x\geqslant 0\}$，$t_i = \sum_{j=1}^{J} r_{ij}\Delta x_j^r$，对于式（6－5）中每一个模糊约束 $t_i \underset{\sim}{\geqslant} y_i$，对应的一个模糊子集 $\underset{\sim}{A}_i$，其隶属函数可定义为：

$$\underset{\sim}{A}_i(t_i)=\begin{cases}0 & t_i<y_i-d_i\\ 1+(t_i-y_i)/d_i & y_i-d_i\leqslant t_i<y_i\\ 1 & t_i\geqslant y_i\end{cases}$$

上式中 d_i 为用户需求改进率的伸缩指标，$d_i\geqslant 0$，由市场调查确定。

6.4.2 模型求解算法

为了求得目标函数在模糊约束下的最优解，需要将目标函数模糊化。$t_0 = \sum_{j=1}^{n} c_j x_j$，$C_{m0}$ 为普通约束下即 5.2 节给出的 LP1 规划的目标函数最优值，设 d_0 为维护成本的伸缩指标，由决策人员指定，也可由下面的线性规划模型 2（LP2）求得。

$$\min \quad C_m = \sum_{j=1}^{J} c_j \Delta x_j$$

$$\text{s.t.} \quad \sum_{j=1}^{J} r_{ij}\Delta x_j^r \geqslant y_i - d_i,\ i = 1,2,\cdots,I$$

$$\sum_{k=1}^{J} p_{jk}\Delta x_k = \Delta x_j^r, j = 1,2,\cdots,J$$

$$0\leqslant x_j\leqslant 1,\ j=1,2,\cdots,J$$

C_{m1}为 LP2 规划的目标函数最优值，则 $d_0 = C_{m0} - C_{m1}$。相应的模糊目标集 $\underset{\sim}{G}$ 可定义为：

$$\underset{\sim}{G}(t_0)=\begin{cases}1 & t_0 \leqslant C_{m0}-d_0 \\ (C_{m0}-t_0)/d_0 & C_{m0}-d_0<t_0 \leqslant C_{m0} \\ 0 & t_0>C_{m0}\end{cases}$$

令 $\underset{\sim}{A} = \bigcap_{i=1}^{m} \underset{\sim}{A}_i$ 为模糊约束集，它可代表模糊约束式(6－5)。为了兼顾模糊约束集 $\underset{\sim}{A}$ 和模糊目标集 $\underset{\sim}{G}$，可采用 $\underset{\sim}{A} \cap \underset{\sim}{G}$ 进行模糊判决，再用最大隶属原则求最优解，由此建立求 FLP 最优解的线性规划模型 3（LP3）。

$$\max \quad \lambda$$

$$\text{s. t.} \quad \sum_{j=1}^{J} c_j x_j + d_0 \lambda \leqslant C_{m0}$$

$$\sum_{j=1}^{J} r_{ij} \Delta x_j^r - d_i \lambda \geqslant y_i - d_i \quad i = 1, \cdots, I$$

$$\sum_{k=1}^{J} p_{jk} \Delta x_k = \Delta x_j^r \quad j = 1, 2, \cdots, J$$

$$0 \leqslant x_j \leqslant 1 \quad j = 1, 2, \cdots, J \quad \lambda \geqslant 0$$

上式中，λ 为阈值或置信水平，在此为一变量。

求出 LP3 的最优解（x_1^*，x_2^*，…，x_J^*，λ^*），则 FLP 的模糊最优解为（x_1^*，x_2^*，…，x_J^*），模糊最优值为 $\sum_{j=1}^{J} c_j x_j^*$。这个最优解既兼顾了用户需求改进约束的满足程度，又考虑了维护成本最小化。

6.4.3　模型应用分析

利用 5.2 节案例，假设用户需求改进率为模糊数，所调查的 A 和 B 市场的用户需求改进率、伸缩指标和权重，即用户需求改进矩阵见表 6－2。

表 6－2　　用户需求改进数据

用户属性		权重	用户要求改进率	伸缩指标
A	A_{C1}	0.28	0.36	0.03
	A_{C2}	0.31	0.42	0.05
	A_{C3}	0.24	0.15	0.02
	A_{C4}	0.17	0.18	0.04
B	A_{C1}	0.33	0.32	0.04
	A_{C2}	0.26	0.22	0.08
	A_{C3}	0.26	0.14	0.03
	A_{C4}	0.15	0.10	0.04

在满足用户需求的约束条件下，用户要求价格低，由此，以维护成本最低为目标，按式（6－4）—（6－7）分别建立 A 和 B 市场的模糊线性规划模型 FLP。

首先将目标函数模糊化，按上述分别建立 A 和 B 市场的 LP1 和 LP2，求解得：

A：$d_0 = C_{m0} - C_{m1} = 0.1818 - 0.1497 = 0.0321$

B：$d_0 = C_{m0} - C_{m1} = 0.1082 - 0.0816 = 0.0266$

由此，建立 A 和 B 市场的线性规划 LP3，得到模糊线性规划（FLP）的解，如表 6－3。

表 6-3　　模糊优化结果

产品特性		计划改进率	计划改进值
A $\lambda=0.61$	P_{C1}	0	3.50
	P_{C2}	0.22	2.93
	P_{C3}	0.70	3.56
	P_{C4}	0.14	86.73
	P_{C5}	0	9.00
	P_{C6}	0	2100
B $\lambda=0.51$	P_{C1}	0	3.50
	P_{C2}	0.02	3.18
	P_{C3}	0.60	3.48
	P_{C4}	0.13	86.61
	P_{C5}	0	9.00
	P_{C6}	0	2100

6.4.4 结果分析和结论

我们将表 6-3 和表 5-7 的优化结果对比分析，对于需要改进的产品特性耗电率、润滑状况和可靠性的计划改进率，无论是 A 市场还是 B 市场，模糊优化结果计划改进率均低于普通优化结果，这是由于用户需求改进为弹性约束的缘故。将期望值降低一点，得到了和表 5-8 相比维护成本较低的维护方案，如表 6-4 所示。模糊优化结果既兼顾了用户需求改进约束的满足程度，又考虑了维护成本最小化。

表 6－4　　用户属性改进率和满意度

市场	y_1	y_2	y_3	y_4	S	C_m
A	0.35	0.40	0.14	0.26	0.30	0.16
B	0.30	0.17	0.14	0.22	0.21	0.09

6.5 小　结

1. 用普通线性规划难以解决维护成本约束是一个模糊量的问题，因此引入模糊理论，建立了维护设计的模糊线性规划模型，并给出了求解算法，所求的最优解既兼顾了成本约束的满意程度，又考虑了用户满意度极大。以水泵再使用为例，在维护成本约束为一模糊值的情况下，根据产品的技术状态和再使用用户的需求，利用提出的模型和算法确定出最佳维护方案。案例表明，该模型是行之有效的。

2. 通常用户要求改进率也具有一定的模糊性，建立了以维护成本最低为目标的模糊线性规划模型，并给出了求解算法，模糊优化结果既兼顾了用户需求改进约束的满足程度，又考虑了维护成本最小化。案例表明，该模型在用户要求改进率为模糊值的情况下，能帮助维护人员有效地规划出较优的设计方案。

3. 本章提出了产品级再使用维护设计模糊规划模型的基本思想和方法，可应用于产品改进设计或其他领域。

7 产品级再使用满意度分析

7.1 引　言

停用后的产品按再使用用户的要求和专家的意见设计出维护方案后，首先应该对方案作出综合评价，判断方案是否可行。如果用户对方案满意，即为可实施方案；否则，重新修改方案直到用户满意。另外，再使用产品投入市场后，是否具有竞争力，取决于它的再使用价值，用户面对旧产品和新产品，将如何作出正确的选择呢？鉴于对以上问题的分析，我们拟建立产品级再使用满意度分析法，作为方案评价和用户购买选择的分析工具。

7.2 产品使用满意度

产品的使用价值是由用户的满意度决定的，其判断是一个复杂的问题，下面我们从定义入手。

产品使用满意度是指用户平均为每个单位寿命时间支付出成本后得到的产品提供的功能和服务。其两级评价可表示如下：

$$PS = \frac{w_F \sum w_{Fi}y_{Fi} + w_G \sum w_{Gi}y_{Gi}}{(y_{E1} + y_{E2} - y_{E3})/y_{E4}} \tag{7-1}$$

式（7-1）中：

PS——产品使用满意度

w_F——功能因素（F）的权重

w_G——绿色因素（G）的权重

w_{Fi}——功能因素（F）的子因素权重

w_{Gi}——绿色因素（F）的子因素权重

y_{Fi}——第 i 个功能子因素值

y_{Gi}——第 i 个绿色子因素值

y_{E1}，y_{E2}，y_{E3}——分别为购买价格，用户使用发生的总成本和用户停用后回收净收益

y_{E4}——产品的使用寿命

式（7-1）所给的方法是一种基于价值分析的改进综合评价法，价值分析着重于功能分析，力求用最低的生命周期成本，可靠地实现必要功能的、有组织的创造性活动。价值分析中的“价值”是指评价某一事物与实现它的费用相比的合理程度的尺度。这里的产品使用满意度分析法不仅扩展了传统的价值分析法的内涵，而且具有以下特点：

1. 本章所研究的对象扩展为用户和专家对产品的满意度，而不仅是产品本身的功能质量，因为产品的价值最终由市场决定。

2. 这里，成本的内涵扩展为用户从购买到停止使用所发

生的一切费用，即寿命周期成本。

3. 满意度分析法考虑了时间的因素。产品的使用周期各不相同，考虑使用周期便于对同类产品中不同产品做比较分析。

传统的产品两级综合评价法基本原理为：[147—149]

$$PS = w_F \sum w_{Fi} y_{Fi} + w_G \sum w_{Gi} y_{Gi} + w_E \sum w_{Ei} y_{Ei} \quad (7-2)$$

式（7－2）中：

w_E——经济性因素（E）的权重

w_{Ei}——经济性因素的子因素权重

y_{Ei}——第 i 个经济性子因素值

由于成本和使用寿命为定量指标，具有直接可比性，采用式（7－1）评价比式（7－2）更具有客观科学性。如果因素较少，可简化式（7－1）为一级综合评价：

$$PS = \frac{\sum w_i y_i}{(y_{E1} + y_{E2} - y_{E3}) / y_{E4}} \quad (7-3)$$

设：

$$S(y) = \sum_{i=1}^{I} w_i y_i \quad (7-4)$$

上几式中：

w_i—— 功能和绿色子因素权重，$0 < w_i < 1$，$\sum_{i=1}^{m} w_i = 1$

y_i——功能和绿色子因素值

S——功能和绿色子因素 y_i 的多目标统一值

S 由下文提出的双群组协作法或 QFD 逆过程法计算，并设用户平均为每个单位寿命时间支付出的成本 $LC = (y_{E1} + y_{E2} - y_{E3}) / y_{E4}$。

7.3 产品级再使用满意度分析的 QFD 逆过程法

我们把产品使用满意度分析法应用于产品级再使用满意度的分析。停用后的产品技术状态模糊，如何确定用户属性值成为产品级再使用满意度分析的关键问题，我们可建立 QFD 逆过程法，求顾客对产品级再使用的满意度。

7.3.1 基本原理

质量功能配置（QFD）是以顾客需求为驱动进行产品开发的有效工具，质量功能配置中的产品规划质量屋（HoQ_1）和部件配置质量屋（HoQ_2）的主要功能是将顾客需求分层转换为产品工程特性值和零部件特征值。以 HoQ_1 为例，就是求 $x=g(y_1, y_2, \cdots, y_I)$，以使顾客满意度最大的过程，$g$ 为产品特性值 x 与各个用户属性值 y_i 的关联函数。其逆过程法为在已知产品特性值的情况下求用户属性值，即 $y=g^{-1}(x_1, x_2, \cdots, x_J)$。$g^{-1}$ 为 g 的逆函数，也就是用户属性值与各个产品特性值的关联函数。停止使用后的产品技术状态模糊，同理，可以按 HoQ_2 逆过程法求得产品的工程特性值，即 $x=h^{-1}(d_1, d_2, \cdots d_z)$。$h^{-1}$ 是产品特性值 x 与各个部件性能值 d 的关联函数。最后，我们按式（7－1）或式（7－3）求得顾客对产品的使用满意度。下面只讨论 HoQ_1 逆过程法，HoQ_2 逆过程法原理相同。

7.3.2 分析过程

顾客对停用后的产品功能和质量不了解，需要专家的参与和认定，所以严格地说，产品级再使用满意度反映的是，在专家的协助下，顾客对产品级再使用的主观感受和价值判断。HoQ_1 逆过程法分析过程，可以分为建立质量屋和质量屋分析两个过程。建立质量屋主要运用市场调查技术和各种分析工具，确定用户属性和产品级再使用的产品特性值，并据此确定质量屋的产品特性—用户属性的关系矩阵 R、产品特性的竞争矩阵等。质量屋的分析是用已建立的质量屋进行分析计算，目的就是在产品特性值一定的情况下，确定功能和绿色子因素的多目标统一值 S，以及使用满意度 PS，给顾客购买何种产品提供一个决策依据，或者对产品级再使用维护方案作出评价。这是一个复杂的多目标、多变量计算过程，需要权衡质量屋中的各种矛盾，有必要建立数学模型，帮助顾客选择较满意的产品或评价维护方案。产品级再使用满意度分析的 HoQ_1 逆过程如图 7－1 所示。

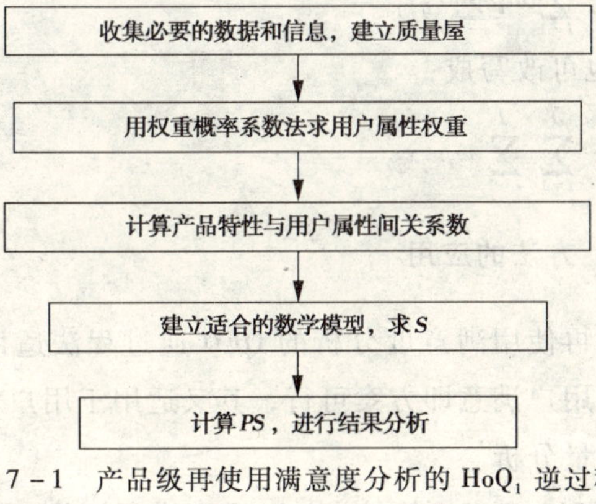

图 7－1 产品级再使用满意度分析的 HoQ_1 逆过程

7.3.3 分析模型

考虑要把专家的经验判断和用户要求的主观重要性结合起来，用专家权重—用户概率综合系数法确定用户属性权重，专家用模糊决策参数法从顾客使用的角度确定权重。

用户属性值是由与之相关的产品特性值决定的，不失一般性，设 g^{-1} 为线性函数，则：

$$y_i = \sum_{j=1}^{J} r_{ij} x_j \qquad (7-5)$$

r_{ij}为产品特性与用户属性之间的关联系数，由专家用模糊决策参数法评定，x_j 为不同量纲、非一致性的原始产品特性值 x'_j 的标准化处理值，正指标和负指标的值分别由式 $x_j = x'_j / x_j^0$ 及式 $x_j = x_j^0 / x'_j$ 求出。x_j^0 可以是地区标准、行业标准、国家标准或国际标准。在许多情况下可以引用全地区、全行业、全国或全球的平均数值作为通常的基础标准。

将式（7-5）代入式（7-4）得：

$$S(x) = \sum_{i=1}^{I} w_i \sum_{j=1}^{J} r_{ij} x_j$$

$S(x)$ 也可改写成：

$$S(x) = \sum_{j=1}^{J} \sum_{i=1}^{I} w_i r_{ij} x_j \qquad (7-6)$$

7.3.4 方法的应用

产品级再使用满意度分析的 QFD 逆过程法适用于维护方案的评价，用户满意即方案可行，其又适用于用户对产品使用满意度的定量分析。

我们对 5.1.3 案例维护设计的方案进行评价。设该批水泵为 A，顾客面对旧水泵和某品牌新水泵（B）进行决策，在此设基准产品为 C。除能耗率和再使用寿命经济性因素外，顾客对水泵的功能性和绿色性需求因素确定为：水密性好、扬程变化小、安全可靠、外形尺寸小、维修方便和噪音低。各因素分别给予标号 A_{C1}—A_{C6}。由于外形尺寸小和维修方便两个因素客观上不可改变，所以维护方案中没有考虑，但分析再使用满意度时按该批水泵现有值考虑。专家确定了的 7 个产品特性有水密性、扬程变化范围、可靠性、润滑状况、外形尺寸、可拆卸性和最大噪声，分别给予标号 C_{P1}—C_{P7}。

专家应用模糊决策参数法确定产品特性与用户属性间的关系数，建立了质量屋，见图 7－2：产品特性和用户属性的关系矩阵（上）、竞争矩阵（下）。

		特性						
属性	权重	C_{P1}	C_{P2}	C_{P3}	C_{P4}	C_{P5}	C_{P6}	C_{P7}
A_{C1}	0.32	1	0	0	0	0	0	0
A_{C2}	0.08	0	1	0	0	0	0	0
A_{C3}	0.23	0.55	0	1	0.15	0	0	0
A_{C4}	0.13	0	0	0	0	1	0	0
A_{C5}	0.13	0	0	0	0	0	1	0
A_{C6}	0.11	0	0.20	0	0.68	0	0	1
单位		1－5	±%	%	1－5	m^3	%	dB
x'_j（A）		4.64	9	97	4.6	0.13	85	76
x'_j（B）		4.60	4	98	4.8	0.12	95	60
x_j^0（C）		4.50	10	97	4.5	0.14	90	70
x_j（A）		1.03	1.11	1	1.02	1.08	0.94	0.92
x_j（B）		1.02	2.5	1.01	1.07	1.17	1.06	1.17
x_j（C）		1	1	1	1	1	1	1

图 7－2 水泵再使用满意度分析质量屋

专家通过模糊决策参数法确定顾客需求权重为：

$W' = (0.29, 0.09, 0.29, 0.15, 0.09, 0.09)^T$

对该地区 220 名顾客进行了调查，其结果列入表 7－1。

表 7－1　调查结果

用户要求	A_{c1}	A_{c2}	A_{c3}	A_{c4}	A_{c5}	A_{c6}
频数 ζ	165	34	87	56	86	67

计算得：

$P = (0.33, 0.07, 0.18, 0.11, 0.17, 0.14)$

用权重概率系数法确定的需求因素权重 W：

$W = (0.32, 0.08, 0.23, 0.13, 0.13, 0.11)^T$

除扬程变化范围、外形尺寸和最大噪音为负指标，其他均为正指标，计算标准化处理值记入质量屋底部。

水泵的使用过程中发生的成本主要由耗电率决定，线性规划的维护成本和耗电率确定 A 产品的购买价格和使用成本，B 产品的用户使用成本和使用寿命如表 7－2 所示。

表 7－2　水泵的经济性因素值

经济性因素	y_{E1}	y_{E2}	y_{E3}	y_{E4}
单位	元	元	元	小时
A	620	1680	10	2100
B	2210	2150	20	3320

由式（7－6）计算 S，并计算每小时所支付的成本 LC，单位为元/小时，基准产品的 LC 为 1.15 元/小时，按式（7－3）计算 PS，如表 7－3 所示。

表 7－3　　水泵再使用满意度

综合指标	S	LC	PS
A	1.28	1.10	1.16
B	1.48	1.41	1.05
C	1	1.15	0.87

由表 7－3 可以看出：第一，方案设计的旧水泵的产品级再使用满意度高于基准产品，方案可行，这批旧水泵具有再使用价值，延长其使用寿命具有实践意义；第二，旧水泵的 S 虽然小于新水泵的，但由于价格优势，使每小时使用成本降低了，从而使产品级再使用满意度较高，则这批旧水泵按设计方案维护后具有竞争力。

7.4　产品级再使用满意度分析的双群组协作法

在使用 QFD 逆过程法确定产品使用满意度时，需要确知产品特性值或部件表现值，并且需确定用户属性和产品特性之间的关系。当停用后的产品直接投入再使用时，确定这些数据较麻烦，我们建立一种相对主观但简单易行的方法，即双群组协作法。

7.4.1 双群组协作法

因为停用后产品的技术状态模糊，所以功能和绿色子因素值是由专家与顾客综合确定的，即 $y_i = f(y_i^e, y_i^c)$，设 f 为线性函数，则：

$$y_i = \alpha_i y_i^e + (1 - \alpha_i) y_i^c \tag{7-7}$$

式（7-7）中：

y_i^e，y_i^c——分别为专家组和顾客群测评的因素值

α_i——专家组对因素 i 值的决策影响系数

专家组和顾客群测评的因素值就是专家组和顾客群对产品功能和绿色子因素的满意度，满意度的测评是相对的，所以需选一满意度基准产品。

顾客满意度 y^c 需进行数据预处理，判别和剔除含有粗大误差的数据。设 L' 个顾客对第 i 个因素测评，得系列数据 y_{i1}^c，y_{i2}^c，…，$y_{iL'}^c$，若某一数据 y_{ik}^c 与均值的差满足下列条件：

$$|y_{ik}^c - \bar{y}_i^c| > 3\sigma \tag{7-8}$$

则认为 y_{ik}^c 含有粗大误差，为异常数据，应舍弃不用。上式中

$\bar{y}_i^c = \dfrac{\sum_{l=1}^{L'} y_{il}^c}{L'}, \sigma = \sqrt{\dfrac{\sum_{l=1}^{L'} (y_{il}^c - \bar{y}_i^c)^2}{L' - 1}}$，剔除后剩下 L 个有效数据。

对 y^e 与 y^c 进行数据合并：

$$\gamma_i^{\mathrm{e}} = \frac{\sum_{m=1}^{M} \gamma_{im}^{\mathrm{e}}}{M}, \gamma_i^{\mathrm{c}} = \frac{\sum_{l=1}^{L} \gamma_{il}^{\mathrm{c}}}{L} \tag{7-9}$$

上式中，M 为专家组人数，L 为顾客组有效人数。

将式（7－9）代入式（7－7），可得专家组和顾客群测评的因素值。

7.4.2 应用案例分析

现实验室使用4年后的一批旧冰箱要淘汰，经专家认定，各项指标均符合当地使用标准，故清洗后准备出售。顾客面对旧冰箱和某品牌新冰箱进行决策，我们以这一案例对双群组协作法进行说明。

旧冰箱和某品牌新冰箱的用户使用寿命周期成本如表7－4所示。

表7－4　冰箱年使用成本

	购买价格	使用成本	回收收益	使用寿命	LC
单位	元	元	元	年	元/年
旧冰箱	400	1200	10	5	318
新冰箱	2500	2100	30	10	457

专家和顾客选取外观形象（A_{c1}）、功能满足度（A_{c2}）、运行可靠性（A_{c3}）、服务（A_{c4}）、噪音（A_{c5}）、排污量（A_{c6}）作为测评产品 S 的因子，对这批旧冰箱和新冰箱的因素值确定如表7－5所示。

表 7－5　冰箱使用满意度分析

用户属性	权重	旧冰箱		新冰箱		基准产品
		γ_i^e	γ_i^c	γ_i^e	γ_i^c	
A_{c1}	0.09	45	46	56	60	50
A_{c2}	0.22	46	79	74	80	50
A_{c3}	0.31	62	45	71	75	50
A_{c4}	0.13	49	47	50	53	50
A_{c5}	0.12	60	55	68	71	50
A_{c6}	0.13	42	52	54	60	50
S		53.68		67.17		50
LC		318		457		350
PS		0.17		0.15		0.14

专家用模糊决策参数法确定功能和绿色子因素权重：

$W' = (0.10, 0.28, 0.29, 0.14, 0.09, 0.10)^T$

对该地区 220 名顾客进行了调查，其结果如表 7－6 所示。

表 7－6　调查结果

用户要求	A_{c1}	A_{c2}	A_{c3}	A_{c4}	A_{c5}	A_{c6}
频数 ζ	39	84	166	56	86	87

计算用户要求的主观概率向量为：

$P = (0.08, 0.16, 0.32, 0.11, 0.16, 0.17)$

用专家权重—用户概率系数法计算的满意度因素权重如表 7－5 所示。

为简便起见，决策影响系数 α_i 对于每个因素 i 均取 0.5，由此，按式（7－7）计算功能和绿色子因素值，由式（7－4）计算这批旧冰箱和新冰箱的 S，然后列入表 7－5 中，最后按式（7－3）计算这批旧冰箱和新冰箱的 PS，分别如表 7－5 所示。

由此可见，虽然新冰箱的功能和绿色子因素的多目标统一值 S 高于旧冰箱的，但是考虑到年使用成本因素，旧冰箱的产品使用满意度仍 PS 高于新冰箱的，也就是说，旧冰箱的再使用价值较高。所以对于该地区的顾客，选择购买旧冰箱是正确的决策。

7.5 基于矩阵范数的产品全生命周期工程数据分析

产品级再使用子系统是产品系统的一个组成部分，产品使用满意度分析是从用户的角度分析产品使用子系统数据的一种方法。延长产品的使用寿命是为了节约资源和能源、保护环境和增加产品的绿色性，如何对产品作出综合评价，是当前困扰企业界、学术界的一个问题。国际标准化组织和一些研究机构总结多年的研究成果，提出寿命周期分析法，作为评价产品的方法[16—20, 150]。我们提出基于矩阵范数的产品全生命周期工程数据分析方法，是寿命周期分析法发展的一个部分。

基于产品全生命周期，评价产品对实现绿色制造和可持续发展具有重要意义。社会和不同人群的认识深度和着眼点不同，对同一评价指数的敏感程度也不同。家用空调的功率较大，噪声较大，因此对消费者来说，主要关心的使用阶段的人类影响绿色度，除了美观外，噪声成为主要的绿色度指标，于是分体式空调基本代替了窗式空调。但从产品使用阶段绿色度来考虑，分体式空调的制冷剂泄露、能源消耗等对资源和生态环境影响都比窗式空调大得多，其绿色度要差得多，因此，评价分体式空调和窗式空调的绿色度应该从全生命周期进行。

7.5.1 原理和方法

1. 产品全生命周期评价矩阵。

我们定义 $A = [a_{ij}]_{m\times n}$ 为产品全生命周期评价矩阵，a_{ij} 为产品在第 j 个阶段的第 i 个指标值，$j=1, 2, \cdots, n$，表示产品的全生命周期各个阶段（产品全生命周期是产品从经营战略、市场分析、设计、制造、装配、包装、运输、投入市场、用户使用、产品报废、回收处理以及再利用等整个产品生命周期所经历的全部时间），$i=1, 2, \cdots, m$，表示评价产品的各项指标，包括功能性、绿色性和经济性指标。

设有 k 个同类产品参加评价，那么 $A_k = [a_{ij}^k]$ 为产品 k 的评价矩阵，a_{ij}^k 为产品 k 在第 j 个阶段的第 i 个指标值。

2. 指标值规范化方式。

指标类型一般分为效益型指标、成本型指标、固定型指标、区间型指标[151]。另外，还有一部分指标难以定量化，我们用模糊决策参数法来衡量这些定性指标，确定在 0、1 之间具体取值。设 $I = \bigcup_{i=1}^{5} I_i$，其中 I_i 分别表示效益型、成本型指标、固定型指标、区间型指标、定性指标的集合。

为了消除不同物理量纲对评价结果的影响，可按下述公式将评价矩阵 $A_k = [a_{ij}^k]$ 转变为规范化矩阵 $B_k = [b_{ij}^k]$，其中：

$$b_{ij}^k = (a_{ij}^k - \min_k a_{ij}^k)/(\max_k a_{ij}^k - \min_k a_{ij}^k), \quad i \in I_1 \quad (7-10)$$

$$b_{ij}^k = (\max_k a_{ij}^k - a_{ij}^k)/(\max_k a_{ij}^k - \min_k a_{ij}^k), \quad i \in I_2 \quad (7-11)$$

$$b_{ij}^k = 1 - |a_{ij}^k - a_{ij}|/\max_k |a_{ij}^k - a_{ij}|, \quad i \in I_3 \quad (7-12)$$

$$b_{ij}^k = \begin{cases} 1 - \dfrac{\max\{q_{ij}^1 - a_{ij}^k, a_{ij}^k - q_{ij}^2\}}{\max\{q_{ij}^1 - \min_k a_{ij}^k, \max_k a_{ij}^k - q_{ij}^2\}}, \\ 1, \quad a_{ij}^k \in [q_{ij}^1, q_{ij}^2] \end{cases}$$

$$a_{ij}^k \notin [q_{ij}^1, q_{ij}^2] \quad i \in I_4 \quad (7-13)$$

$$b_{ij}^k = [0,1], \quad i \in I_5。 \quad (7-14)$$

以上几式中：

a_{ij}——固定型指标的固定值

q_{ij}^1，q_{ij}^2——区间型指标的上限值和下限值

3. 加权矩阵。

要从产品全生命周期、生态环境影响、资源影响、人类影响等方面综合考虑，合理分配权重。首先要治理的关键问题给予较高的权重，其主要指标往往起决定性作用。ω 的确定方法有主客观赋权法两大类，这里可以采用模糊决策参数法。

设权矩阵为 $W = [\omega_{ij}]_{m \times n}$，$\omega_{ij}$表示第 i 个指标在第 j 个阶段的权重，$\sum \omega_{ij} = 1$，我们得到规范加权矩阵：

$$C_k = [c_{ij}^k], \quad c_{ij}^k = \omega_{ij} \cdot b_{ij}^k \quad (7-15)$$

4. 矩阵范数。

设 $R^{m \times n}$为全体 n 方阵的集合，类似于向量范数的定义，这里我们引用矩阵范数的定义[152]。

定义：对任意 n 阶方阵 $A \in R^{m \times n}$，若对应一个非负实数

$\|A\|$，它能满足下述条件，则称 $\|A\|$ 为 n 阶方阵的范数。

（1）$\|A\| \geqslant 0$，当且仅当 $A=0$ 时，$\|A\|=0$；

（2）对任意数 λ，有 $\|\lambda A\| = |\lambda| \|A\|$；

（3）对任意两个方阵 A、$B \in R^{m \times n}$，有 $\|A+B\| \leqslant \|A\| + \|B\|$；

（4）$\|AB\| \leqslant \|A\| \|B\|$。

这里我们取与向量 2—范数 $\|x\|_2$ 相协调的矩阵范数为：

$$\|A\|_2 = \sqrt{\lambda_{\max}(A^{\mathrm{T}}A)} \tag{7-16}$$

它被称为 A 的 2—范数。其中 $\lambda_{\max}$（A^TA）表示矩阵 A^TA 的最大特征值。

由此，我们可计算矩阵 C_k 的范数：

$$\|C_k\| = \sqrt{\lambda_{\max}(C_k^{\mathrm{T}}C_k)} \tag{7-17}$$

通过 $\|C_k\|$ 值从大到小的顺序排列即得到产品 A_k 的排序。

7.5.2 算例

通过下面的算例说明该评价方法的步骤，并验证它的有效性。

设有 4 个同类产品参评，在产品全生命周期取生产阶段、使用阶段和回收阶段 3 个主要阶段对技术先进性指数、能源利用率、排污量、人类影响指数和成本 5 个指标值进行数据采集和处理，得到产品全生命周期矩阵 A_1、A_2、A_3、A_4 如下：

$$\begin{vmatrix} 0.75 & 0.8 & 0.6 \\ 0.4 & 0.6 & 0.5 \\ 300 & 230 & 100 \\ 0.23 & 0.3 & 0.4 \\ 400 & 200 & 50 \end{vmatrix} \qquad \begin{vmatrix} 0.65 & 0.72 & 0.55 \\ 0.53 & 0.6 & 0.5 \\ 263 & 310 & 140 \\ 0.33 & 0.3 & 0.2 \\ 410 & 210 & 50 \end{vmatrix}$$

$$\begin{vmatrix} 0.7 & 0.8 & 0.9 \\ 0.6 & 0.96 & 0.5 \\ 320 & 230 & 80 \\ 0.13 & 0.33 & 0.1 \\ 490 & 190 & 70 \end{vmatrix} \qquad \begin{vmatrix} 0.9 & 0.75 & 0.78 \\ 0.5 & 0.95 & 0.45 \\ 220 & 130 & 98 \\ 0.12 & 0.13 & 0.31 \\ 590 & 90 & 110 \end{vmatrix}$$

1. 规范矩阵。

按公式(7-10)、(7-12)规范化后矩阵 B_1、B_2、B_3、B_4 分别为：

$$\begin{vmatrix} 0.40 & 1 & 0.14 \\ 0 & 0 & 1 \\ 0.20 & 0.44 & 0.67 \\ 0.48 & 0.15 & 0 \\ 1 & 0.08 & 1 \end{vmatrix} \qquad \begin{vmatrix} 0 & 0 & 0 \\ 0.65 & 0 & 1 \\ 0.57 & 0 & 0 \\ 0 & 0.15 & 0.67 \\ 0.95 & 0 & 1 \end{vmatrix}$$

$$\begin{vmatrix} 0.2 & 1 & 1 \\ 1 & 1 & 1 \\ 0 & 0.44 & 1 \\ 0.95 & 0 & 1 \\ 0.55 & 0.17 & 0.67 \end{vmatrix} \qquad \begin{vmatrix} 1 & 0.38 & 0.66 \\ 0.50 & 0.97 & 0 \\ 1 & 1 & 0.70 \\ 1 & 1 & 0.30 \\ 0 & 1 & 0 \end{vmatrix}$$

2. 用模糊决策参数法确定权矩阵：

$$W = \begin{vmatrix} 0.1 & 0.12 & 0.08 \\ 0.02 & 0.07 & 0.01 \\ 0.15 & 0.08 & 0.07 \\ 0.09 & 0.1 & 0.01 \\ 0.08 & 0.1 & 0.02 \end{vmatrix}$$

3. 给矩阵赋权。

按公式(7-15)计算规范加权矩阵 C_1、C_2、C_3、C_4 分别为：

$$\begin{vmatrix} 0.04 & 0.12 & 0.01 \\ 0 & 0 & 0.01 \\ 0.03 & 0.04 & 0.05 \\ 0.04 & 0.02 & 0 \\ 0.08 & 0.01 & 0.09 \end{vmatrix} \qquad \begin{vmatrix} 0 & 0 & 0 \\ 0.01 & 0 & 0.01 \\ 0.09 & 0 & 0 \\ 0 & 0.02 & 0.01 \\ 0.08 & 0 & 0.02 \end{vmatrix}$$

$$\begin{vmatrix} 0.02 & 0.12 & 0.08 \\ 0.02 & 0.07 & 0.01 \\ 0 & 0.04 & 0.07 \\ 0.09 & 0 & 0.01 \\ 0.04 & 0.02 & 0.01 \end{vmatrix} \qquad \begin{vmatrix} 0.10 & 0.05 & 0.05 \\ 0.01 & 0.07 & 0 \\ 0.15 & 0.08 & 0.05 \\ 0.09 & 0.10 & 0.00 \\ 0 & 0.08 & 0 \end{vmatrix}$$

4. 计算矩阵范数，进行结果分析。

按公式（7－17）计算矩阵范数：

$\|C_1\|=0.16$，$\|C_2\|=0.12$，$\|C_3\|=0.18$，$\|C_4\|=0.25$，根据矩阵范数的大小，我们得产品优劣排序：$A_4>A_3>A_1>A_2$。

我们还可计算理想产品矩阵，即 W 的范数 $\|W\|=0.31$，由此计算产品 A_1 的相对指数 $I_1=\|C_1\|/\|W\|=0.52$。同理，产品 A_2、A_3、A_4 的相对指数分别为 $I_2=0.37$，$I_3=0.57$，$I_4=0.80$。

7.6 产品绿色度和产品综合评价

本节主要研究在全生命周期内产品绿色度评价和产品综合评价指标体系，并应用 Fuzzy—AHP 法给出评价的算法流程，最后以案例验证。在产品综合评价指标体系建立中，分别以产品全生命周期矩阵模型的纵轴——单类综合影响指标和横轴

—阶段加权分类指标建立了具有不同意义的两套评价指标体系，提出了产品综合竞争力评价。

7.6.1 产品绿色度的评价

产品在其整个生命周期中对资源和能源的输入量、对环境的输出量及这些输入、输出对环境的友好程度的综合评价指标被称为产品的绿色度，即衡量产品满足绿色特性的程度。它包括：

（1）设计过程的绿色度。绿色设计在产品的全生命周期内着重考虑产品的环境属性（可拆卸性、可回收性、可维护性、可重复利用性等），同时保证产品的应有功能、使用寿命和质量等。

（2）生产过程的绿色度。原材料的选用和管理、生产过程和工艺都要有利于环境保护和工人健康，要求废弃物和污染排放物少，节约能源，减少消耗。

（3）销售过程的绿色度。产品的包装、运输和保管等都要符合环境标准，减少污染排放和废弃物或有利于废弃物的循环利用。

（4）使用过程的绿色度。产品在使用过程中能耗低，维护方便，不对使用者造成不便，不危害使用者的健康，不产生新的环境污染。

（5）回收处理的绿色度。产品在使用寿命完结后或被废弃、淘汰时，要易于拆卸，回收重用，安全废弃，易于降解或销毁，避免产生二次污染。

1. 产品绿色度的评价框架体系。

产品绿色度的评价应考虑产品的全生命周期中各个阶段的

各个环节的资源和能源消耗量、对环境的输出量，以及不同因素对环境的影响。产品绿色度评价的框架体系见图 7－3 所示。

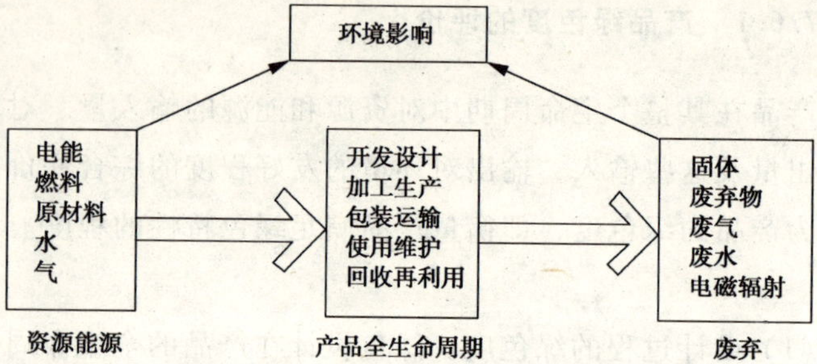

图 7－3　产品绿色度评价的框架

产品绿色度的评价采用产品全生命周期矩阵模型的产品——绿色特性子矩阵进行。

2. 用 Fuzzy－AHP 法评价产品绿色度的算法流程。

（1）评价目标。如果是单目标，目标层 A 为评价产品绿色度。评价时也可以选择一参照标准产品，如市场上已存在的产品，其作用是通过和新产品绿色度比较，使新产品在此基础上有所提高。

如果是多目标，目标层为产品绿色度优劣排序。

（2）确定评价指标。评价产品绿色度的原则层为资源影响、生态环境影响、人类影响。指标层的确定采用主要因素原则。产品评价不可能面面俱到，应选择其中影响较大的主要因素进行评估。例如：汽车的绿色度评价应选择空气和噪声污染、能源、废弃回收等主要方面；冰箱的绿色度评价则重点在电能、噪声和回收等方面；计算机的评价主要为有毒物、辐射和回收等方面。选择的因素过多会湮没主要因素，并使问题复杂化和难以实施。评价的主要因素会随着不同国家、不同的产品而不同。

(3) 计算单类影响综合指标。从产品的全生命周期的各个阶段计算每个影响因子的指标值，是一件庞大而复杂的工程，所以为了增强评价工作的目标性和方向性，减少评价工作的难度和工作量，应该采取主要阶段原则。比如，洗衣机对资源影响主要集中在使用阶段的能耗、水耗和洗涤剂消耗等方面，故计算资源消耗时应将主要精力放在使用阶段。

(4) AHP 法确定各指标的权重 $[V]_{m\times 1}$，m 为指标个数。

(5) 产品的标准化指标值——隶属度的确定。

隶属度和隶属函数确定的正确与否对评价结果的可信度有直接影响。采用指派法确定时，主要根据有关企业提供的各项指标的统计资料和有关国家、国际标准规定的标准值而确定的隶属函数参数：a_{min}，a_{max}，a_0。实际上是这里确定了一个抽象的产品，即技术基准产品，它的各项指标隶属度均为 1，要使单目标评价具有实际意义。

n 个产品的 m 项指标隶属度矩阵为 $[U]_{n\times m}$。

(6) 计算每个产品的绿色度 $PIGI_i$（Product Integrated Green Indicator）。

$$[PIGI]_{n\times 1} = [U]_{n\times m}[V]_{m\times 1}$$

3. 产品绿色度的评价意义。

基于产品全生命周期评价产品的综合加权绿色度对实现绿色制造和可持续发展具有重要意义。社会和不同人群的认识深度和着眼点不同，对同一评价指数的敏感程度也不同。如由于家用空调的功率较大，噪声较大，对消费者来说，他们主要关心的是使用阶段对人类影响的绿色度。除了美观外，噪声成为主要的绿色度指标，因此，分体式空调已经基本代替了窗式空调。但从产品使用阶段加权绿色度来考虑，分体式空调的制冷剂泄露、能源消耗等资源和生态环境影响都比窗式大得多，其绿色度要差得多。另外，评价分体式空调和窗式空调的绿色度应该从全生命周期（主要包括设计阶段的绿色度、生产绿色度、物流绿色度、使用绿色度、回收再利用绿色度）来计算各自的 *PIGI*。

因此，一方面，产品绿色度（*PIGI*）评价要客观全面地反映产品全生命周期的情况；另一方面，要从生态环境影响、资源影响、人类影响综合考虑，合理分配权重。分配权重时要将关键问题给予较高的权重，其主要指标往往起决定性作用。

另外，产品绿色度的评价是一个难度和工作量都很大的工程，需要产品的数据库、环境评估系统等各方面技术的集成，因此，需要企业界、学术界、全社会的共同努力。

7.6.2 产品的综合评价

产品的综合评价以产品全生命周期整个矩阵模型为依据，评价指标体系和算法流程分析如下：

1. 产品的综合评价。

产品有三个特点：技术先进性（*A*）、经济性（*C*）、绿色性（*G*），因此，要对产品作出综合度量需要评价出它的综合指数 *PII*（Product Integrated Indicator）。

首先以产品全生命周期矩阵模型的单类综合影响指标建立指标层，其层次结构模型如表 7－7 所示。

表 7－7　　绿色产品综合评价层次结构

目标层	评价比较绿色产品														
原则层	技术先进性（A）						经济性（C）		绿色性（G）						
子原则层	质量				交货期	服务	全生命周期成本		资源影响		生态环境和人类影响				
子指标层	功能指标	可靠安全性	可操作性	用户友好性			环境成本	技术成本	能源影响	资源影响	固体污染物	液体污染物	气体污染物	噪声	电磁辐射

注：本书中，环境成本是指为实现产品绿色度而付出的成本，技术成本是指为实现产品的技术先进性所付出的成本。

然后用前面所介绍的 AHP 法或 Fuzzy－AHP 法求解 $[PII]_{n\times1}$，n 为被评价的产品个数。

需要注意的是，如果对多个产品进行比较评价，对技术水平和成本相当的同类产品就可只选绿色性作为分析原则，但对只有成本相近的同类产品，才应该同时选择产品的技术先进性和绿色性作为分析原则。

2. 产品综合竞争力评价

产品的价值最终是由市场决定的，产品的竞争力体现在绿色度（G）、交货期（T）、质量（Q）、服务（S）、成本（C）。相同全生命周期成本的产品会因为在其不同阶段成本比例不同而导致竞争力不同。比如，对于 A 和 B 两种汽车来说，假设它们的全生命周期成本相同，但是 A 的使用成本低于 B 的，用户关心的是耗油量等使用成本要低，那么 A 的竞争力高于 B。同理，对于具有相同绿色度的产品，它们在不同阶段的绿色度比例不同，因此竞争力也不同，对于技术先进性也是如此。因此，我们提出需分阶段对产品的综合竞争力 *PICI*（Product Integrated Competition Indicator）作出比较评价。

首先以产品全生命周期矩阵模型的阶段分类加权指标建立指标层，其层次结构模型如表 7－8 所示。

表 7－8　　绿色产品综合竞争力评价层次结构

目标层	评价比较绿色产品综合竞争力								
原则层	技术先进性（*A*）			经济性（*C*）			绿色性（*G*）		
指标层	生产的技术先进性	使用的技术先进性	回收的技术先进性	生产成本	使用成本	回收成本	生产的绿色度	使用的绿色度	回收的绿色度

注：这里的生产阶段包括产品开发设计阶段。

然后，用 AHP 法或 Fuzzy－AHP 法求解 $[PICI]_{n\times 1}$。

那么，从增强产品竞争力的角度来说，在现有的条件下提高产品的绿色度就有个在不同阶段上的优先级的问题，这是全生命周期设计时应该考虑的问题，也是企业的战略选择问题。应用 AHP 法求出的产品综合竞争力层次结构模型指标层的权重可以解决这个问题。

7.6.3　案例分析

为了验证前两小节所提出的产品绿色度和绿色产品评价指

标体系和算法流程的可行性，本节给出案例分析。

1. 评价目标。

评价目标是我们日常生活中的提物品：塑料袋、纸袋和布袋，用 Fuzzy – AHP 法计算。

2. 建立层次结构模型。

层次结构模型如表 7 – 9 所示，各提物品指标值可查资料[194]所得。

表 7 – 9　　提物品评价层次结构模型和指标值

<table>
<tr><td colspan="2">目标层 A</td><td colspan="5">比较提物品的 PII</td></tr>
<tr><td colspan="2">原则层 B</td><td colspan="3">绿色性（G）</td><td>经济性（C）</td><td>技术先进性（Q）</td></tr>
<tr><td colspan="2">相对权重</td><td colspan="3">0.43</td><td>0.43</td><td>0.14</td></tr>
<tr><td colspan="2">指标层 C</td><td>生态环境影响（E）</td><td>资源消耗影响（R）单位：kJ</td><td>工作环境影响（M）</td><td>全生命周期成本单位：元</td><td>可承受重量单位：kg</td></tr>
<tr><td colspan="2">相对权重</td><td>0.40</td><td>0.40</td><td>0.20</td><td>1.00</td><td>1.00</td></tr>
<tr><td colspan="2">指标权重</td><td>0.17</td><td>0.17</td><td>0.09</td><td>0.43</td><td>0.14</td></tr>
<tr><td rowspan="3">指标值</td><td>塑料袋</td><td>0.15</td><td>580</td><td>0.09</td><td>0.80</td><td>1.20</td></tr>
<tr><td>纸袋</td><td>0.26</td><td>1340</td><td>0.17</td><td>1.13</td><td>0.80</td></tr>
<tr><td>布袋</td><td>0.43</td><td>4200</td><td>0.27</td><td>6.70</td><td>5.20</td></tr>
</table>

3. 用 AHP 法确定各个指标权重。

（1）B 对 A 的判断矩阵为（标度为作者估计）：

A	G	C	Q
G	1	1	3
C	1	1	3
Q	1/3	1/3	1

计算出相对权重如表 7－9 所示，$\lambda_{max}=0$。

（2）C 对 B 的判断矩阵为（标度为作者估计）：

G	E	R	M
E	1	1	2
R	1	1	2
M	1/2	1/2	1

计算出权重如表 7－9 所示，$\lambda_{max}=0$。

（3）计算出各个指标权重，如表 7－9 所示。

4. 计算 3 种提物品各指标值隶属度 $[U]_{3\times5}$，结果如表 7－10所示。

由于评价目标为相对比较各物品的产品综合指数 *PII*，所以用指派法确定隶属函数的参数 a_{min} 和 a_{max} 分别为各指标中 3 种提物品指标值的最小值和最大值。

5. 计算三种提物品的 *PIGI*、*PII*，结果如表 7－10 所示。

表 7－10　　各提物品隶属度和指数（一）

提物品	u_e	u_r	u_m	u_c	u_q	PIGI	PII
塑料袋	1	1	1	1	0.09	1	0.87
纸袋	0.60	0.79	0.59	0.94	0	0.67	0.69
布袋	0	0	0	0	1	0	0.14

6. 结果分析。

塑料袋的综合指数和绿色度最高，其次是纸袋，最后是布袋。实际上，这个结果是建立在塑料袋、纸袋、布袋均为一次性消费品的基础上的。实际生活中，按我们中国人的习惯，大多数人不会把布袋当作一次性消费品，甚至塑料袋、纸袋也是如此，所以，以上结果并不具有可比性，必须把提物品的使用次数考虑进去再作判断。

按照资料所提供的3种提物品的可承受重量，和中国人现有的消费习惯做一个粗略估计：布袋、塑料袋和纸袋的使用相对次数分别为30次、2次、1.5次。这样，一个布袋相当于15个塑料袋、20个纸袋。重新计算结果如表7-11所示。

表7-11　　各提物品隶属度和指数（二）

指标	*E*	*R*	*M*	*C*	*Q*	*PIGI*	*PII*
15个塑料袋	2.13	8700	1.48	12	24		
20个纸袋	5.29	26800	3.41	22.5	16		
1个布袋	0.43	4200	0.274	6.7	5.2		
塑料袋（*u*）	0.61	0.80	0.62	0.66	1	0.69	0.72
纸袋（*u*）	0	0	0	0	0.57	0	0.08
布袋（*u*）	1	1	1	1	0	1	0.86

由表7-11的数据可见，布袋和塑料袋的综合指数和绿色度较高，纸袋最差。为了减少废弃物，提倡节约，把一个塑料袋的相对使用次数增加到3次（合理使用，不可超载）。按1个布袋相当于10个塑料袋、20个纸袋计算，计算结果如表7-12所示。结果显示，塑料袋的绿色度和布袋相近，综合指数比布袋高。

表 7－12　　各提物品隶属度和指数（三）

指标	E	R	M	C	Q	PIGI	PII
10 个塑料袋	0.92	3480	0.59	4.80	7.20		
20 个纸袋	5.29	26800	3.41	22.5	16		
1 个布袋	0.43	4200	0.27	6.70	5.20		
塑料袋（u）	0.90	1	0.90	1	0.19	0.94	0.86
纸袋（u）	0	0	0	0	1	0	0.14
布袋（u）	1	0.97	1	0.89	0	0.99	0.81

按照生活节奏较快的消费习惯，假设 1 个布袋相当于 3 个塑料袋和 4 个纸袋，也就是说布袋、塑料袋和纸袋使用次数相对分别为 4 次、4/3 次、1 次。最后结果计算如表 7－13 所示。

表 7－13　　各提物品隶属度和指数（四）

指标	E	R	M	C	Q	PIGI	PII
3 个塑料袋	0.46	1740	0.30	2.40	4.80		
4 个纸袋	1.06	5360	0.68	4.50	3.20		
1 个布袋	0.43	4200	0.27	6.70	5.20		
塑料袋（u）	0.96	1	0.95	1	0.8	0.97	0.96
纸袋（u）	0	0	0	0.51	1	0	0.22
布袋（u）	1	0.32	1	0	0	0.73	0.45

表 7－13 结果说明，随着生活水平和生活节奏的提高，塑料袋全生命周期的绿色度和综合指数都比布袋和纸袋高，说明塑料袋是提物品的发展趋势。不能只因为塑料袋的不可降解性而取缔它，关键在于解决塑料循环再利用的技术，这是当前研究的一个热点问题。

7.7 小　结

1. 本章提出产品使用满意度分析法。该方法综合考虑了产品的使用寿命、成本和所获得的功能和服务，是一种基于价值工程的改进的综合评价法。

2. 针对停用后的产品技术状态模糊的问题，本章提出了质量功能配置逆过程法，科学定量地从零部件级逐层确定旧产品的工程特性值和需求因素值。利用该方法，给出了已知工程特性值，求顾客满意度的分析过程和数学模型，并对维护设计方案做了评价。结果表明，该方法能有效确定产品级再使用的满意度。

3. 本章建立的产品级再使用满意度分析的双群组协作法是一种相对主观但简单易行的方法，结合了专家和顾客对产品的主观感受和价值判断确定因素值。

4. 针对产品评价多目标和多阶段性的特点，本章提出了基于矩阵范数的产品全生命周期工程数据分析法。该方法充分利用了产品全生命周期的指标信息，并在不同阶段给予指标不同的权重，评价结果客观可靠。该方法可在其他带时间问题的动态评价和决策工程中被推广和应用。

8 产品级再使用实例检索

8.1 引　言

如何根据停用后产品的技术状态选择发展方式，按照用户需求确定维护方案，这是一个需要不断积累经验的过程，因此，我们有必要把产品级再使用的实例组织起来，建立知识库和实例推理系统，为解决新的产品级再使用问题提供参考。基于实例的推理系统能用过去的实例或经验来解决新的问题，很好地解决了传统的知识工程中知识获取困难的“瓶颈”问题[141, 153]。实例的检索和提取是基于实例推理系统的关键一步。当前，实例检索不足，我们提出了带反馈的实例检索相似性度量方法，对实例类检索的子空间法做了改进，进而提出相似余弦二值法。

8.2 产品级再使用实例的组织和检索

建立产品级再使用实例的推理系统能用过去的产品级再使用实例或经验来解决新的问题，实现了再使用经验和维护设计方案的再利用，提高了再使用和设计效率，降低了产品可持续发展成本。随着系统规模的增大，系统中的实例的类别和数目也随之增多，有必要建造异构的分布式知识系统，使系统能根据问题的性质调用相应的知识库（包括实例库）[154]。钟时胜、潘启澍和王知行提出了实例分类存贮分类检索的子空间法，我们按照子空间理论组织产品级再使用实例，指出一般的实例检索相似性度量方法的不足，提出带反馈的实例检索相似性度量方法，并给出了具体步骤。

8.2.1 产品级再使用实例的组织

一个实例总是用相应的属性集描述，对于每个属性有相应的取值。对于一类实例，它们的属性集相同，只是一类实例里的每个实例的属性值不同。设有 K 类实例，第 k 类实例有 I_k 个属性，Ω_k 是由一组正交归一基本向量 $\{e_1, e_2, \cdots, e_{I_k}\}$ 张成的 I_k 维子空间，用 span 表示[152, 153]，即 $\Omega_k = \text{span}\{e_1, e_2, \cdots, e_{I_k}\}$。

上式中，$e_1 = (1, 0, 0, \cdots)$，$e_2 = (0, 1, 0, \cdots)$，$\cdots$，$e_{I_k} = (0, 0, \cdots, 1)$。

第 k 类中不同的实例实际上是 e_i（$i=1, 2, \cdots, I_k$）向量

的不同线性组合，实例库中 K 类实例的属性集的并集有 I 个属性为 $\{c_1, c_2, \cdots, c_I\}$，当然 $I_k \leqslant I$，由此 Ω_1，Ω_2，…，Ω_k 构成实例空间 Ω。

描述第 k 类子空间的属性集为 $\{c_1, c_2, \cdots, c_{I_k}\}$，属性值集为 $\{x_{i1}', x_{i2}', \cdots x_{iI_k}'\}$，$i$ 表示第 k 类子空间中第 i 个实例。

在产品级再使用实例推理系统中，用产品的产品特性集作为描述实例的属性集，用产品特性值集作为描述实例的属性值集，对应该实例的知识库内容有该产品的再使用发展方式、用户属性以及维护方案等。具有相同产品特性集的实例存贮为一类，构成产品级再使用实例库的一个子空间。

目前，对于多类大规模的实例库，通常采取分类存贮、分类检索的层次检索策略，因为每一类实例的实例数总比实例总数少得多，从而缩短了检索时间，提高了检索效率。所以，多类大规模的实例检索分为两大步骤，其一是实例类检索，即首先找到与设计问题最为接近的类，其二是在实例类内进行实例检索，简称实例检索。

8.2.2 一般的实例检索相似性度量方法

为减少不同数量级引起的偏差，对于实例 f_i 的定量和定性的属性值进行 0 到 1 之间的模糊规范化，得到标准属性值集为 $\{x_{i1}, x_{i2}, \cdots, x_{iI_k}\}$。设新问题为 f_0，其标准属性值集为 $\{x_1, x_2, \cdots, x_{I_k}\}$，为了保证关键属性的匹配，设定属性权重集为 $\{w_1, w_2, \cdots, w_{I_k}\}$。采用下面的加权欧氏距离法或其他方法求得实例 f_i 和新问题 f_0 的相似度 $s_i(f_i, f_0)$，设置阈值 λ。如果 $s_i \geqslant \lambda$，则有 M 个实例与 f_0 相似；如果所有的 $s_i < \lambda$，则实例库中没有与 f_0 相似的实例。

$$S_i(f_0,f_i) = 1 - \sqrt{\sum_{j=1}^{I_k} w_j(x_j - x_{ij})^2} \tag{8-1}$$

一般的实例检索相似性度量方法解决了定量、定性和混合属性实例检索的问题[153-159]，但不足之处在于仅为一次性检索，设计人员只能通过确定阈值决定检索到的与新问题相似的实例个数，检索到什么样的实例由软件系统一次性决定。这样的检索方法不能反映设计者的主观能动性，不利于创新设计。针对这些不足，笔者提出了带反馈的实例检索相似性度量方法。

8.2.3　带反馈的实例检索相似性度量方法

在第一次检索到与新问题相似的实例后，一般都有设计人员认为较满意的实例（称之为正例）和设计者不满意的方案（称之为反例），因此带反馈的实例检索相似性度量方法允许设计人员在检索到的实例中选择 Q 个正例和 P 个反例，然后再检索与正例接近而与反例远离的实例，可重复多次，直到检索到设计者认为满意的方案。具体的检索算法为：

1. 计算实例 f_i 与各个正例 f_q^+ 的相似度 s，选择其最大者，记为 s_l^+，即：

$$s_l^+ = \max_q(s(f_i,f_q^+)),q=1,\cdots,Q \tag{8-2}$$

式（8-2）中 l 为反馈次数。

2. 计算实例 f_i 与各个反例 f_p^+ 的相似度 s，选择其最大者，记为 s_l^-，即：

$$s_l^- = \max_p(s(f_i,f_p^+)),p=1,\cdots,P \tag{8-3}$$

3. 计算实例 f_i 相对相似度，即

$$s_l^+ = \frac{s_l^+}{s_l^+ + s_l^-} \tag{8-4}$$

当 $s_l^+ \geqslant \lambda$ 时，实例 f_i 被检索。

综上所述，可知带反馈的实例检索相似性度量方法步骤如下：

步骤 1：对新问题 f_0 的属性值集模糊规范化为 $\{x_{01}, x_{02}, \cdots, x_{0I_k}\}$；

步骤 2：根据新问题对不同属性的重要度，设定权重集 $\{w_1, w_2, \cdots, w_{I_k}\}$，并设置阈值 λ；

步骤 3：求新问题与实例库中实例的相似度 s_0，取出 $s_0 \geqslant \lambda$ 的 M_0 个实例；

步骤 4：如找到满意方案则停止反馈，否则设计者指定 M_0 个实例中的 Q 个正例和 P 个反例，按式（8－2）、（8－3）和（8－4）计算 s_1^+，取出 $s_1^+ \geqslant \lambda$ 的 M_1 个实例；

步骤 5：设计人员如果还没有得到满意的实例，则重复步骤 4，进入下次反馈。

产品级再使用实例检索可采用带反馈的实例检索相似性度量方法，按照停用后产品的产品特性值和决策人员的主观愿望找到满意的再使用实例，参考其再使用方式、用户属性和维护方式。

8.3 实例类检索的改进子空间法

目前，大部分文献集中研究了第二步实例描述、实例检索和实例修改等问题[155-159,162,163]，对实例类描述和检索的理论研究较少。钟时胜、潘启澍和王知行引入子空间理论，提出了实例分类描述和检索子空间法。我们剖析了目前理论上应用子空间法进行实例类检索的不足，对实例类检索的子空间法作进一步的研究与改进。

8.3.1 实例类检索的子空间法

设 x 为实例空间的一向量，它与新问题 f_0 对应，x 在第 k 类子空间的投影长度为 $\| \hat{x}_k \| = \sqrt{x^T P_k x}$[153]，$P_k$ 为第 k 类子空间的投影矩阵。传统方法中，投影矩阵的构造为：

$$P_k = (a_1, a_2, \cdots, a_{I_k}, a_{I_k+1}, \cdots, a_I)$$

上式中，前 I_k 个向量为单位向量，后 $I-I_k$ 个向量为0向量。

传统方法用投影模的平方 $\| \hat{x}_k \|^2$，即 $x^T P x$，来刻画新问题的向量 x 对第 k 类子空间的归属程度，f_0 归属于投影模的平方最大者的实例类[140, 153]。目前，子空间法类检索存在以下不足：

1. 每个实例类的投影矩阵按各自的属性顺序构造，而实例类检索时主要查找属性与属性匹配的类，所以新问题向量的属性元素在计算每个实例类的投影时，必须按该类的属性顺序重新排序，大大影响了检索的效率。

2. 仅用投影模的平方刻画向量 x 对类子空间的归属程度是不足的，归属程度还与投影矩阵的范数有关。

下面对投影矩阵的构造进行改进，并构造新问题 f_0 对第 k 类子空间的隶属度。

8.3.2 对实例类检索子空间法的改进

1. 投影矩阵的构造。

实例库有 K 类实例，也就是实例空间 Ω 由 Ω_1，Ω_2，…，Ω_K 子空间组成，总空间 Ω 的属性集为 $\{c_1, c_2, \cdots, c_I\}$，规定 Ω_k 的投影矩阵为：

$$P_k = (a_1, a_2, \cdots, a_I)$$

上式中，当第 k 类实例具有第 i 个属性时，a_i 为 I 维单位向量，即 $a_{ii}=1$，其余元素均为0；当第 k 类实例不具有第 i 个属性时，a_i 为 I 维 0 向量，$i=1, 2, \cdots, I$。

2. 特征向量的建立。

x 为总空间 Ω 中与新问题 f_0 对应的向量，实例类检索的实质是新问题属性和第 k 类实例属性的匹配。在类检索中，归类结果与 f_0 的属性有关，而与具体的属性值无关。因此，规定 x 的特征向量为：

$$z = (z_1, z_2, \cdots, z_I)^{\mathrm{T}}$$

上式中，如果 $x_i \neq 0$，则 $z_i=1$；否则 $z_i=0$，$i=1, 2, \cdots, I$。

3. 隶属度的构造。

构造新问题 f_0 对应的特征向量 z 对于第 k 类子空间的隶属度为：

$$\Omega_k(z) = \frac{z^T P_k z}{\| z \| \| P_k \|} \tag{8-5}$$

式（8-5）中，$\| z \| = \sqrt{\sum_{i=1}^{I} z_i^2}$，$\| P_k \| = \sqrt{\sum_{i,j=1}^{I} a_{ij}^2}$。

事实上，$z^{\mathrm{T}} P_k z$ 表示新问题与第 k 类子空间共有属性的数目，z 的范数平方表示新问题的属性个数，P_k 的范数平方表示第 k 类子空间的属性个数。当新问题与第 k 类实例完全不匹配时，$\Omega_k(z)=0$；当新问题与第 k 类实例完全匹配时，$\Omega_k(z)$

$=1$。

根据问题的性质，设置适当的阈值 θ。如果所有的 $\Omega_k(z) \leqslant \theta$，则认为 f_0 不属于任何一个实例子空间；否则取 $\Omega_k(z)$ 的值最大者所对应的子空间，即新问题 f_0 的归属类。

4. 算例。

设有 4 类实例，合并它们的属性后得到实例总空间的 7 个属性，即 $\{C_1, C_2, C_3, C_4, C_5, C_6, C_7\}$。设新问题在实例总空间对应的向量 $X=(0.8, 0.4, 0, 0.7, 0, 0, 0.9)$，按提出的方法得到新问题的特征向量 $z=(1, 1, 0, 1, 0, 0, 1)$。4 类实例的属性集分别为 $\{C_3, C_5, C_6\}$，$\{C_1, C_2, C_4, C_5, C_6\}$，$\{C_1, C_2, C_4, C_5, C_6, C_7\}$，$\{C_1, C_2, C_4, C_7\}$，按改进的方法得到它们在实例总空间的投影矩阵分别为：

$$P_1=\begin{vmatrix} 0&0&0&0&0&0&0\\ 0&0&0&0&0&0&0\\ 0&0&1&0&0&0&0\\ 0&0&0&0&0&0&0\\ 0&0&0&0&1&0&0\\ 0&0&0&0&0&1&0\\ 0&0&0&0&0&0&0 \end{vmatrix} \quad P_2=\begin{vmatrix} 1&0&0&0&0&0&0\\ 0&1&0&0&0&0&0\\ 0&0&0&0&0&0&0\\ 0&0&0&1&0&0&0\\ 0&0&0&0&1&0&0\\ 0&0&0&0&0&1&0\\ 0&0&0&0&0&0&0 \end{vmatrix}$$

$$P_3=\begin{vmatrix} 1&0&0&0&0&0&0\\ 0&1&0&0&0&0&0\\ 0&0&0&0&0&0&0\\ 0&0&0&1&0&0&0\\ 0&0&0&0&1&0&0\\ 0&0&0&0&0&1&0\\ 0&0&0&0&0&0&1 \end{vmatrix} \quad P_4=\begin{vmatrix} 1&0&0&0&0&0&0\\ 0&1&0&0&0&0&0\\ 0&0&0&0&0&0&0\\ 0&0&0&1&0&0&0\\ 0&0&0&0&0&0&0\\ 0&0&0&0&0&0&0\\ 0&0&0&0&0&0&1 \end{vmatrix}$$

按式(8－5)分别计算新问题对该4类实例子空间的隶属度为:

$$\Omega_1(z)=\frac{z^{T}P_1z}{\|z\|\|P_1\|}=\frac{0}{\sqrt{4}\cdot\sqrt{3}}=0$$

$$\Omega_2(z)=\frac{z^{T}P_2z}{\|z\|\|P_2\|}=\frac{3}{\sqrt{4}\cdot\sqrt{5}}=0.67$$

$$\Omega_3(z)=\frac{z^{T}P_3z}{\|z\|\|P_3\|}=\frac{4}{\sqrt{4}\cdot\sqrt{6}}=0.82$$

$$\Omega_4(z)=\frac{z^{T}P_4z}{\|z\|\|P_4\|}=\frac{4}{\sqrt{4}\cdot\sqrt{4}}=1$$

该算例结果表明新问题归属于第4类。

由计算结果看出，建立了新问题的特征向量后，z^TP_kz 的物理意义很明显，表示新问题与第 k 类子空间共有属性的数目，也就是属性匹配的数目，z 的范数平方表示新问题的属性个数，P_k 的范数平方表示第 k 类子空间的属性个数。

进一步分析，如果用传统子空间法构造第3、第4类的投影矩阵为:

$$P_3=\begin{vmatrix}1&0&0&0&0&0&0\\0&1&0&0&0&0&0\\0&0&1&0&0&0&0\\0&0&0&1&0&0&0\\0&0&0&0&1&0&0\\0&0&0&0&0&1&0\\0&0&0&0&0&0&0\end{vmatrix}\quad P_4=\begin{vmatrix}1&0&0&0&0&0&0\\0&1&0&0&0&0&0\\0&0&1&0&0&0&0\\0&0&0&1&0&0&0\\0&0&0&0&0&0&0\\0&0&0&0&0&0&0\\0&0&0&0&0&0&0\end{vmatrix}$$

在计算 x 在第3类子空间投影模的平方时，为保证属性的匹配，x 应按 P_3 的属性顺序调整为（0.8，0.4，0.7，0，

0，0.9，0)。同理，在计算 x 在第 3 类子空间投影模的平方时，x 又应按 P_3 的属性顺序调整为（0.8，0.4，0.7，0.9，0，0，0)，计算得 $z^T P_3 z = 2.1$，$z^T P_4 z = 2.1$。如果仅用投影模的平方刻画设计问题对类子空间的归属程度，结果是设计问题同时归属于第 3 类和第 4 类。很明显，第 3 类比设计问题多了 2 个属性，只有第 4 类与设计问题是最匹配的。因此，设计问题对类子空间的归属程度不仅与设计问题向量在类子空间的投影长度有关，而且与类子空间投影矩阵的范数有关。

8.3.3 改进子空间法实例类检索步骤

总结以上分析可知，改进子空间法实例分类的步骤如下：

步骤 1：将收集的实例按其属性的不同进行分类，共分成 K 类，组成实例总集，同时设实例总集共有 I 个不同的元素，建立对应于 K 类实例的 K 个投影矩阵 P_k（$k=1, 2, \cdots, K$)；

步骤 2：分析要求解的问题 f_0，提取其特征属性及属性值，形成属性向量 x，并求出其在实例空间 Ω 的特征向量 z；

步骤 3：根据问题的性质，设置适当的阈值 θ；

步骤 4：求新问题 f_0 对 K 个实例子空间 Ω_k($k=1, 2, \cdots, K$) 的隶属度 $\Omega_k(z)$；

步骤 5：如果所有的 $\Omega_k(z') \leqslant \theta$，则认为 f_0 不属于任何一个实例子空间，否则取 $\Omega_k(z)$ 的值最大者所对应的子空间，即新问题 f_0 的归属类。

至此，实例分类已结束，接下来就是将求解的问题与归属类中的实例进行相似性度量，找出与其相似的实例。

8.4 实例类检索的相似余弦二值法

对实例类检索的子空间法做了改进后，可准确有效得到求解问题与每类子空间的隶属度，但在每类实例中存贮一个投影矩阵和计算投影模的平方都较复杂，所以我们又提出了实例类检索的相似余弦二值法。

8.4.1 算法说明

实例类检索的实质是设计问题属性和第 k 类实例属性的匹配，因此，在实例类检索中，归类结果与设计问题和第 k 类实例的属性有关，而与它们具体的属性值无关。模式识别中角度相似性余弦函数为：

$$S(x_1, x_2) = \frac{x_1^T x_2}{\| x_1 \| \| x_2 \|}$$

该函数为模式向量 x_1，x_2 之间夹角的余弦，它有一个重要的性质，即坐标放缩、旋转对其值无影响[160]。当特征值仅为 0 和 1 二值时，$x_1^T x_2$ 表征的是 x_1，x_2 对应分量共有 1 的数目，x_1，x_2 的范数平方分别表示对应分量有 1 的数目，这个函数非常适合实例类检索。下面进行检索算法的构造和算例论证。

8.4.2 实例类和设计方案的特征向量的构造

实例库有 K 类实例，也就是实例空间 Ω 由 Ω_1，Ω_2，

…，Ω_K 子空间组成，总空间 Ω 的属性集为 $\{C_1, C_2, \cdots, C_I\}$，规定 Ω_k 的特征向量为：

$$V_k = (v_1, v_2, \cdots, v_I)$$

上式中，当第 k 类实例具有第 i 个属性时，$v_i = 1$；当第 k 类实例不具有第 i 个属性时，$v_i = 0$，$i = 1, 2, \cdots, I$。

x 为总空间 Ω 中与设计问题 f_0 对应的向量，即（x_1，x_2，…，x_I），规定 x 的特征向量为：

$$z = (z_1, z_2, \cdots, z_I)$$

上式中如果 $x_i \neq 0$，则 $z_i = 1$；否则 $z_i = 0, i = 1, 2, \cdots, I$。

8.4.3 隶属度的构造

构造设计问题 f_0 对应的特征向量 z 对于第 k 类子空间的隶属度为：

$$\Omega_k(z) = \frac{z^T V_k}{\| z \| \| V_k \|} \tag{8-6}$$

式（8-6）中，$\| z \| = \sqrt{\sum_{i=1}^{I} z_i^2}$，$\| V_k \| = \sqrt{\sum_{i=1}^{I} v_i^2}$。

同理，$z^T V_k$ 表示设计问题与第 k 类子空间共有属性的数目，z 的范数平方表示设计问题的属性个数，V_k 的范数平方表示第 k 类子空间的属性个数。当设计问题与第 k 类实例完全不匹配时，$\Omega_k(z) = 0$；当设计问题与第 k 类实例完全匹配时，$\Omega_k(z) = 1$。

根据问题的性质，设置适当的阈值 θ，如果所有的 $\Omega_k(z) \leqslant \theta$，则认为 f_0 不属于任何一个实例子空间；否则取 $\Omega_k(z)$ 的值最大者所对应的子空间，即设计问题 f_0 的归属类。

目前，实践中，实例类检索主要采用的方法是：

$$S=\frac{N}{N_Q+N_C-N} \tag{8-7}$$

式中 S 是相似度，N 是设计问题与实例库中共有属性的数目，N_Q 是设计问题的属性数目，N_C 是实例库中实例的属性数目。该方法与公式（8－7）在构造设计问题对实例类库的隶属度方面有些相似之处，但余弦二值法通过给每类实例存贮一个特征向量，同时构造一个设计问题的特征向量，更易于实现编程。

8.4.4 算例

这里可以使用8.2节的算例。按相似余弦二值法得到4类实例，在实例总空间的特征向量分别为 $V_1=(0,0,1,0,1,1,0)$，$V_2=(1,1,0,1,1,1,0)$，$V_3=(1,1,0,1,1,1,1)$，$V_4=(1,1,0,1,0,0,1)$，设计问题的特征向量 $z=(1,1,0,1,0,0,1)$。

按式（8－6）分别计算设计问题对该4类实例子空间的隶属度为：

$$\Omega_1(z)=\frac{z^TV_1}{\|z\|\|V_1\|}=\frac{0}{\sqrt{4}\cdot\sqrt{3}}=0$$

$$\Omega_2(z)=\frac{z^TV_2}{\|z\|\|V_2\|}=\frac{3}{\sqrt{4}\cdot\sqrt{5}}=0.67$$

$$\Omega_3(z)=\frac{z^TV_3}{\|z\|\|V_3\|}=\frac{4}{\sqrt{4}\cdot\sqrt{6}}=0.82$$

$$\Omega_4(z)=\frac{z^TV_4}{\|z\|\|V_4\|}=\frac{4}{\sqrt{4}\cdot\sqrt{4}}=1$$

算例结果表明设计问题归属于第4类。由计算结果看出，建立了设计问题和实例类子空间的特征向量后，$z^T V_k$ 的物理意义很明显，表示设计问题与第 k 类子空间共有属性的数目，也就是属性匹配的数目，z 的范数平方表示设计问题的属性个数，V_k 的范数平方表示第 k 类子空间的属性个数。

显然，改进子空间法投影矩阵的构造和存贮以及计算新问题对类子空间的归属程度，都比提出的相似余弦二值法复杂。

8.4.5 相似余弦二值法实例类检索步骤

总结以上分析，可知相似余弦二值法实例分类检索的步骤如下：

步骤 1：将收集的实例按其属性的不同进行分类，设共分成 K 类，组成实例总集，同时设实例总集共有 I 个不同的元素，建立对应于 K 类实例的 K 个特征向量 V_k（$k=1, 2, \cdots, K$）。

步骤 2：分析要求解的问题 f_0，提取其特征属性及属性值，形成属性向量 x，并求出其在实例空间 Ω 的特征向量 z。

步骤 3：根据问题的性质，设置适当的阈值 θ。

步骤 4：求设计问题 f_0 对 K 个实例子空间的隶属度 $\Omega_k(z)$（$k=1, 2, \cdots, K$）。

步骤 5：如果所有的 $\Omega_k(z) \leq \theta$，则认为 f_0 不属于任何一个实例子空间；否则取 $\Omega_k(z)$ 的值最大者所对应的子空间，即设计问题 f_0 的归属类。

至此，实例分类已结束，接下来就是将求解的问题与归属类中的实例进行相似性度量，找出与其相似的实例。

对于产品级再使用实例推理系统，首先进行实例类检索，给每类实例存贮一个特征向量，同时，构造一个新问题的特征向量，用相似余弦二值法检索到新问题的归属类；然后在该实例类内用带反馈的相似性度量法进行实例检索，找到满意的实例。

8.5 小　结

1. 给出了产品级再使用的实例组织和检索方法，提出了带反馈的实例检索相似性度量方法，有利于发挥设计人员的主观能动性和创新设计。

2. 针对现有实例类检索的子空间法的不足问题，对其作进一步的研究和改进。改进之处有三点：一是重新构造了实例类子空间的投影矩阵，提高了检索效率；二是建立了新问题的特征向量；三是综合考虑了投影长度和投影矩阵的范数两个因素，构造了新问题对子空间的隶属度，算例表明该算法比传统的方法更能客观地反映新问题对实例类的归属程度；最后给出了改进子空间法的具体步骤。

3. 提出的相似余弦二值法是一种简单有效的实例类检索方法。用角度相似性余弦函数构造的设计问题对实例类子空间的隶属度准确地反映了新问题对实例类的归属程度，计算的结果具有实际意义，并且计算简单，提高了检索效率。和目前主要采用的方法（式（8－7））比，通过给每类实例存贮一个特征向量，同时构造一个设计问题的特征向量，更易于实现编程。

结束语

当前，国内外关于零部件级的再使用和再制造的研究很多，对产品级再使用的理论研究却很少。其实，产品级再使用是产品回收的第一优先级，是一种最经济的回收方式。因此，我们必须对产品级再使用进行科学研究。产品级再使用的研究是产品全生命周期工程的一个重要课题，也是可持续发展理论不可缺少的一部分[164-174]，属于目前国际制造研究领域的前沿课题，也是我国当前制造研究领域的前沿课题。关于该制造模式的研究将为相关的制造技术提供理论指导，具有较好的应用前景。

本书主要探索和研究了产品级再使用的概念、维护方案设计与评价、满意度分析及实例组织和检索等问题，并取得了一些研究成果，主要研究成果如下：

1. 提出了产品级再使用概念模型，对产品级再使用这种制造模式的定义有了初步的共识。

2. 建立了基于 QFD 的产品级再使用维护设计瀑布式分解过程。

3. 建立了专家权重—用户概率系数法确定用户属性权重。专家从产品使用和维护的角度，应用模糊决策参数法确定用户属性权重，然后使用决策影响因子综合用户从使用角度被调查的主观概率，计算出用户属性权重系数。

4. 构造了模糊决策参数法来确定用户属性和产品特性间的关系以及产品特性间的关系，该方法也可应用于其他制造领域参数的确定。

5. 结合产品级再使用维护设计的特点和挑战，建立了产品特性改进质量屋决策的几类模型，以确定产品特性维护目标值：

——在维护成本约束值确定的条件下，以用户满意度最大为目标，建立了产品级再使用维护设计的线性规划模型、0，1整数规划模型和混合整数规划的模型，以适应产品特性可否连续改进的实际情况；

——在用户对每个需要维护的用户属性有具体要求的情况下，以维护成本最低为目标，建立了产品级再使用维护设计的线性规划模型；

——在维护成本约束为一区间数的条件下，定义了一个新的概念：维护度，以维护度最大为目标，建立了产品级再使用维护设计的非线性规划模型、0，1整数非线性规划模型和混合整数非线性规划模型；

——在维护成本约束是一个模糊量的条件下，建立了维护设计的模糊线性规划模型，并构造了求解算法；

——在用户要求改进率为模糊量的条件下，建立了维护设计的模糊线性规划模型，并构造了求解算法；

模型的应用表明，在不同的实际情况下，这些模型能够帮助维护设计人员规划出较优的方案，建立这些模型的基本思想和方法，可应用于产品改进设计或其他领域。

6. 给出了部件维护质量屋的建模过程，建立了一个混合整数规划模型以确定部件维护目标值。

7. 构造了质量功能配置逆过程法，该方法是评价维护设计方案和分析产品级再使用满意度的有力工具；建立了定性分析产品级再使用满意度的双群组协作法。

8. 提出了基于矩阵范数的产品全生命周期工程数据分析法，该方法充分利用了产品全生命周期的指标信息，并在不同阶段给予指标不同的权重，评价结果客观可靠。该方法可在其他带时间问题的动态评价和决策工程中被推广和应用。

9. 给出了产品级再使用的实例组织和检索方法，提出了带反馈的实例检索相似性度量方法，有利于发挥设计人员的主观能动性和创新设计；针对现有实例类检索的子空间法的不足问题，对其作进一步的研究和改进，该算例表明改进后的算法更能客观地反映新问题对实例类的归属程度；进一步提出了实例类检索的相似余弦二值法。

产品级再使用的研究是产品全生命周期工程中的一个重要课题，本书中仅探索和研究了该课题的一小部分，作者感到还有很多问题需要进一步研究：

1. 理论研究。

产品级再使用的理论体系和关键技术需要结合实践进一步研究和探讨，产品级再使用价值评估和回收级别判断是一个复杂的问题，需要进一步细化研究。

2. 软件开发。

产品级再使用维护设计的 QFD 软件、产品级再使用的实例组织和检索的软件等，都需要进一步开发。

3. 应用研究。

本书中提到的一些理论与方法可望应用于不同行业的产品级再使用工作，如在中科院国家天文台研究的卫星再利用方案、天线再使用方案，均显示出明显的优势和效益。

另外，由于本人水平有限，本书中一定有一些不足之处，敬请专家和读者批评指正。

参考文献

[1] 陈玉祥，陈国权. 可持续发展与企业未来. 管理科学学报，1999，2（3）：6~13

[2] Tan Z. A.. Product cycle theory and telecommunications industry – Foreign direct investment, government policy, and indigenous manufacturing in China. Telecommunications Policy, 2002, 26（1–2）：17–30

[3] Sisson J. D., Weir C. S., James C. Teaching and learning "green engineering" in a multidisciplinary seminar. American Society of Mechanical Engineers, Manufacturing Engineering Division, MED, 2003, 14: 573–577

[4] 储洪胜，宋士吉. 反向物流及再制造技术的研究现状和发展趋势. 计算机集成制造系统 CIMS，2004，10（1）：10~14

[5] Gupta S. M.. Proceedings of SPIE: Environmentally conscious manufacturing II. Proceedings of SPIE – The International Society for Optical Engineering, 2001, 4569: 184–194

[6] Gupta S. M.. Proceedings of SPIE: Environmentally Conscious Manufacturing III. Proceedings of SPIE – The International

Society for Optical Engineering, 2004, 5262: 257 - 263

[7] Sarkis J., Cordeiro, J. J.. An empirical evaluation of environmental efficiencies and firm performance: Pollution prevention versus end - of - pipe practice. European Journal of Operational Research, 2001, 135 (1): 102 - 113

[8] Gungor, A., Gupta S. M.. Issues in environmentally conscious manufacturing and product recovery: A survey. Computers and Industrial Engineering, 1999, 36 (4): 811 - 853

[9] Kumar K. R., Malhotra A.. Methodology to assess the environmental impact of a product and its processes. Proceedings of SPIE - The International Society for Optical Engineering, 2001, 4193: 204 - 214

[10] Sheng P. S., Dornfeld D. A., Worhach P.. Integration issues in 'green' design and manufacturing. Manufacturing Review, 1995, 8 (2): 95 - 105

[11] 黄双喜，范玉顺. 产品生命周期管理研究综述. 计算机集成制造系统 CIMS, 2004, 10 (1): 1~9

[12] 谭显春，刘飞，曹华军等. 绿色制造的一种工艺决策模型及其求解算法. 机械工程学报, 2004, 40 (4): 154 ~ 159

[13] 刘飞，曹华军，何乃军. 绿色制造的研究现状与发展趋势. 中国机械工程, 2000, 11 (1 - 2), 105 ~ 110

[14] 向东，段广洪，汪劲松等. 基于产品系统的产品绿色度综合评价. 计算机集成制造系统 CIMS, 2001, 7 (8): 12 ~ 16

[15] 马自勤，王秀伦，杨志刚. 面向产品全生命周期工艺

管理水平评价的研究．计算机集成制造系统 CIMS，2004，10（5）：544～549

［16］向东，段广洪，汪劲松．产品全生命周期分析中的数据处理方法．计算机集成制造系统 CIMS，2002，8（2）：150～154

［17］Prasad B.. Towards life－cycle measures and metrics for concurrent product development. International Journal of Computer Applications in Technology，2002，15（1－3）：1－8

［18］Westkaemper E.，Alting L.，Arndt G.. Life Cycle Management and Assessment：Approaches and visions towards sustainable manufacturing. CIRP Annals － Manufacturing Technology，2000，49（2）：501－522

［19］Weule，H.. Life－cycle analysis － a strategic element for future products and manufacturing technologies. CIRP Annals，1993，42（1）：181－184

［20］Tipnis V. A.. Evolving issues in product life cycle design. CIRP Annals，1993，42（1）：169－173

［21］郭建飞，乔立红．面向产品全生命周期的产品开发过程建模．计算机集成制造系统 CIMS，2004，10（1）：15～22

［22］Jetley S.，Catalano J.. World class manufacturing. Proceedings of the 21st Electrical Electronics Insulation Conference and Electrical Manufacturing and Coil Winding，1993：385－396

［23］Johnson G. P.. An integrated design strategy for product life cycle management. Proceedings of SPIE － The International Society for Optical Engineering，2001，4193：78－84

[24] Dowlatshahi S.. Reverse logistics systems: An operational perspective. Proceedings - Annual Meeting of the Decision Sciences Institute, 2003: 2073 - 2078

[25] Amezquita T., Hammond R., Salazar M., et al. Characterizing the remanufacturability of engineering systems. American Society of Mechanical Engineers, Design Engineering Division, 21st Annual Design Automation Conference, Advances in Design Automation, 1995, 82 (1): 271 - 278

[26] Nakashima K., Arimitsu H., Nose T., et al. Analysis of a product recovery system. International Journal of Production Research, 2002, 40 (15): 3849 - 3856

[27] Guide J. V. R., Jayaraman V., Linton J. D.. Building contingency planning for closed - loop supply chains with product recovery. Journal of Operations Management, 2003, 21 (3): 259 - 279

[28] 徐维. 再制造策略研究. 西安: 西安电子科技大学, 2003: 2 ~ 13

[29] Winka M., Carpenter J.. New Jersey Department of Environmental Protection/Union County demanufacturing program. IEEE International Symposium on Electronics & the Environment, 1998: 328 - 330

[30] Berko - Boateng V., Azar J., De J. E., et al. Asset recycle management. A total approach to product design for the environment. IEEE International Symposium on Electronics and the Environment, 1993: 19 - 31

[31] 蒋洪伟, 韩文秀. 产品回收模型研究. 中国机械工

程，2000，11（9）：1022 ~1023

[32] Benton W. C.，Guide V.，Daniel J.，et al. Recoverable product environments and systems for reuse：Integrating environmental issues. Proceedings – Annual Meeting of the Decision Sciences Institute，1997，3：1352 –1361

[33] 刘艳妍．机械产品的装配与拆卸设计．机械研究与应用，2003，16（3）：8 ~9

[34] 徐滨士，马世宁，刘世参等．绿色再制造工程设计基础及其关键技术．中国表面工程，2001，(2)：12 ~17

[35] Patrick D. M.，Eubanks C. F.，Ishii K. Compatibility analysis of product design for recyclability and reuse. Computers in Engineering，Proceedings of the International Conference and Exhibit，1994，1：105 –112

[36] Li Shu，Flowers W.．Structured approach to design for remanufacture. American Society of Mechanical Engineers，Design Engineering Division，Intelligent Concurrent Design：Fundamentals，Methodology，Modeling，and Practice，1993，66：13 –19

[37] Steinhilper R. Design for recycling and remanufacturing of mechatronic and electronic products：challenges，solutions and practical examples from the European viewpoint. Proceedings of the 1994 Design for Manufacturability Conference，1994：65 –76

[38] Nof S. Y.，Chen J.．Assembly and disassembly：An overview and framework for cooperation requirement planning with conflict resolution. Journal of Intelligent and Robotic Systems：Theory and Applications，2003，37（3）：307 –320

[39] William A.，Davis R. P.．Design for rebuild，retrofit or

remanufacture. Brown. Proceedings of the Industrial Engineering Research Conference, 1993: 21 - 25

[40] Bras B., McIntosh M.W.. Product, process, and organizational design for remanufacture - an overview of research. Robotics and Computer - Integrated Manufacturing, 1999, 15 (1): 167 - 178

[41] Mangun D., Thurston D. L.. Incorporating component reuse, remanufacture, and recycle into product portfolio design. IEEE Transactions on Engineering Management, 2002, 49 (4): 479 - 490

[42] Li Fangyi, Duan Guanghong, Wang Jinsong et al. Green design assessing system model of products. IEEE International Symposium on Electronics and the Environment, 2002: 123 - 127

[43] Wu Ying, Xiang Dong, Duan Guanghong et al. An integrated system of green design. Proceedings of the International Conference on Agile Manufacturing, Advances in Agile Manufacturing, ICAM 2003, 2003: 69 - 73

[44] Westkamper E., Feldmann K., Reinhart G., et al. Integrated development of assembly and disassembly. CIRP Annals - Manufacturing Technology, 1999, 48 (2): 557 - 565

[45] 甘茂治，周红．绿色再制造工程及应用发展中的若干问题．中国表面工程，2001，(2)：10 ~15

[46] 刘志峰，刘光复，林巨广等．废旧产品资源回收过程决策方法研究．计算机集成制造系统 CIMS，2002，8 (11)：876 ~880

[47] 刘志峰，林巨广，刘光复等．废旧产品回收工艺流程决策支持系统研究于开发．中国机械工程，2002，13（20）：1773~1776

[48] 薛善良，叶文华，王宁生．产品拆卸配置优化研究．机械科学与技术，2002，21（3）：400~402

[49] 高建刚，武英，向东等．机电产品拆卸研究综述．机械工程学报，2004，40（7）：10~19

[50] Johnson, M. R., Wang M. H.. Economical evaluation of disassembly operations for recycling, remanufacturing and reuse. International Journal of Production Research, 1998, 36 (12): 3227-3252

[51] Tang Ying, Zhou MengChu, Caudill R. J.. An integrated approach to disassembly planning and demanufacturing operation. IEEE Transactions on Robotics and Automation, 2001, 17 (6): 773-784

[52] Gungor A., Gupta, S. M.. Disassembly sequence plan generation using a branch-and-bound algorithm. International Journal of Production Research, 2001, 39 (3): 481-509

[53] Zussman E., Zhou Meng Chu.. Design and implementation of an adaptive process planner for disassembly processes. IEEE Transactions on Robotics and Automation, 2000, 16 (2): 171-179

[54] Chen J. L., Wu Jun-Na. Neural network model for product end-of-life strategies. IEEE International Symposium on Electronics and the Environment, 2003: 159-164

[55] Veerakamolmal P., Gupta S. M.. A case-based rea-

soning approach for automating disassembly process planning. Journal of Intelligent Manufacturing, 2002, 13 (1): 47 - 60

[56] Gao Meimei, Zhou MengChu, Caudill R. J.. Integration of disassembly leveling and bin assignment for demanufacturing automation. IEEE Transactions on Robotics and Automation, 2002, 18 (6): 867 - 874

[57] Pomares J., Puente S. T., Torres F. et al. Virtual disassembly of products based on geometric models. Computers in Industry, 2004, 55 (1): 1 - 14

[58] Ohlendorf M. Herrmann C., Hesselbach J. Simulation based disassembly systems design. Proceedings of SPIE - The International Society for Optical Engineering, 2004, 5262: 94 - 102

[59] Kang J. G., Lee D. H., Xirouchakis P.. Disassembly sequencing with imprecise data: A case study. International Journal of Industrial Engineering : Theory Applications and Practice, 2003, 10 (4): 407 - 412

[60] Suga T., Saneshige K., Fujimoto J.. Quantitative disassembly evaluation. IEEE International Symposium on Electronics & the Environment, 1996: 19 - 24

[61] Das S., Mani V., Caudill R. et al. Strategies and economics in the disassembly of personal computers - A case study. Source: IEEE International Symposium on Electronics and the Environment, 2002: 257 - 262

[62] Lambert A. J. D. Determining optimum disassembly sequences in electronic equipment. Computers and Industrial Engineering, 2002, 43 (3): 553 - 575

[63] Wang J. F. , Liu J. H. , Li, S. Q. et al. Intelligent selective disassembly using the ant colony algorithm. Artificial Intelligence for Engineering Design, Analysis and Manufacturing: AIEDAM, 2003, 17 (4 - 5): 325 - 333

[64] Hu D. , Hu Y. , Li C. . Mechanical product disassembly sequence and path planning based on knowledge and geometric reasoning. International Journal of Advanced Manufacturing Technology, 2002, 19 (9): 688 - 696

[65] Sinha N. , Kumar S. , Rai R. et al. A Petri Net based approach to determine the disassembly strategy of a product. International Journal of Production Research, 2002, 40 (5): 1113 - 1129

[66] Gupta S. M. Lambert A. J. D. . Demand - driven disassembly optimization for electronic products. Journal of Electronics Manufacturing, 2002, 11 (2): 121 - 135

[67] Zuidwijk R. , Krikke H. . Disassembly for recovery under uncertainty. Proceedings of SPIE - The International Society for Optical Engineering, 2001, 4569: 44 - 53

[68] Zeid I. Gupta, S. M. , Pan, L. . Case - based reasoning disassembly system. Proceedings of SPIE - The International Society for Optical Engineering, 2001, 4193: 186 - 193

[69] Siddique Z. , Rosen D. W. . Virtual prototyping approach to product disassembly reasoning. CAD Computer Aided Design, 1997, 29 (12): 847 - 860

[70] Gao Meimei, Zhou MengChu, Caudill R. J. . A bin assignment algorithm for demanufacturing automation. Proceedings -

IEEE International Conference on Robotics and Automation, 2002, 3: 2351－2356

［71］Inderfurth K., De K. A. G., Flapper S. D. P.. Product recovery in stochastic remanufacturing systems with multiple reuse options. European Journal of Operational Research, 2001, 133 (1): 130－152

［72］朱绍华，刘世参，朱胜．谈绿色再制造工程的内涵和学科构架．中国表面工程，2001，(2)：5～10

［73］徐滨士，马世宁，刘世参等．表面工程的进展与再制造工程．同济大学学报，2001，29 (9)：1085～1091

［74］徐滨士，马世宁，刘世参等．21 世纪的再制造工程．中国机械工程．2000，11 (1－2)：36～38

［75］Hormozi A. M.. Engineering change management system in a remanufacturing environment. Annual International Conference Proceedings － American Production and Inventory Control Society, 1997: 304－307

［76］Schroeder S. R. Remanufacture of toggle and hydraulic clamp injection molding machines. Annual Technical Conference － ANTEC, Conference Proceedings, Processing, 1996, 1: 555－559

［77］Parkinson H. J. Thompson G.. ystematic approach to the planning and execution of product remanufacture. Proceedings of the Institution of Mechanical Engineers, Part E: Journal of Process Mechanical Engineering, 2004, 218 (1): 1－14

［78］Krill M., Thurston D.. Remanufacturing: Impacts of sacrificial cylinder liners. Source: Proceedings of the ASME Design

Engineering Technical Conference, 2003, 3: 107 – 116

[79] Savaskan R. C. Bhattacharya S., Van W. L. N.. Closed – Loop Supply Chain Models with Product Remanufacturing. Management Science, 2004, 50 (2): 239 – 252

[80] Seliger G., Franke, C., Ciupek M. et al. Process and facility planning for mobile phone remanufacturing. CIRP Annals – Manufacturing Technology, 2004, 53 (1): 9 – 12

[81] Guide V., Kraus M. E., Srivastava R. Scheduling policies for remanufacturing. International Journal of Production Economics, 1997, 48 (2): 187 – 204

[82] Sundin E., Bjorkman M., Jacobsson N.. Analysis of service selling and design for remanufacturing. IEEE International Symposium on Electronics and the Environment, 2000: 272 – 277

[83] Ferrer G., Ketzenberg M. E.. Value of information in remanufacturing complex products. IIE Transactions (Institute of Industrial Engineers), 2004, 36 (3): 265 – 277

[84] Peters R., Stewart C.. Custom design of remanufacturing systems. Annual International Conference Proceedings – American Production and Inventory Control Society, 1995: 382 – 387

[85] Grenchus E., Keene R., Nobs C.. Demanufacturing of information technology equipment. IEEE International Symposium on Electronics & the Environment, 1997: 157 – 160

[86] Limaye K., Caudill R. J. System simulation and modeling of electronics demanufacturing facilities. IEEE International Symposium on Electronics and the Environment, 1999: 238 – 243

[87] Hormozi A. M.. Parts remanufacturing in the automotive

industry. Source: Production and Inventory Management Journal, 1997, 38 (1): 26 - 31

[88] Guide V., Daniel R. J.. Production planning and control for remanufacturing: Industry practice and research needs. Journal of Operations Management, 2000, 18 (4): 467 - 483

[89] Becker M., Green N.. Remanufacturing. Clean Tech, 2002, 2 (3): 12 - 19

[90] Teunter R. Van D. L. E., Vlachos D.. Inventory strategies for systems with fast remanufacturing. Journal of the Operational Research Society, 2004, 55 (5): 475 - 484

[91] Sutherland J. W., Daniel C. M., Vadrevu S., et al. Evaluating reuse and remanufacture potential using a simple model for product value. American Society of Mechanical Engineers, Design Engineering Division (Publication) DE, Concurrent Product Design and Environmentally Conscious Manufacturing, 1997, 94: 263 - 274

[92] Sutherland J. W., Gunter K. L., Weinmann K. J.. A model for improving economic performance of a demanufacturing system for reduced product end - of - life environmental impact. CIRP Annals - Manufacturing Technology, 2002, 51 (1): 45 - 48

[93] Ferrer G.. Economics of tire remanufacturing. Resources, Conservation and Recycling, 1997, 19 (4): 221 - 255

[94] Marx - Gomez J. Rautenstrauch C., Nurnberger A., et al. Neuro - fuzzy approach to forecast returns of scrapped products to recycling and remanufacturing. Knowledge - Based Systems,

2002, 15 (1-2): 119-128

[95] Ferrer G.. Economics of personal computer remanufacturing. Resources, Conservation and Recycling, 1997, 21 (2): 79-108

[96] Skerlos S. J., Morrow W. R., Chan K. et al. Economic and environmental characteristics of global cellular telephone remanufacturing. IEEE International Symposium on Electronics and the Environment, 2003: 99-104

[97] Erwin L., Salomon M., Dekker R., et al. Inventory control in hybrid systems with remanufacturing. Management Science, 1999, 45 (5): 733-747

[98] Miller S.. Quality, cost, and value in recycled plastic materials. Technical Papers, Regional Technical Conference - Society of Plastics Engineers, Injection Molding Outlook, 1993: 1-6

[99] Guide V. D. R., Srivastava R.. Buffering from material recovery uncertainty in a recoverable manufacturing environment. Journal of the Operational Research Society, 1997, 48 (5): 519-529

[100] Tsuru T., Nagasawa Y., Ishii Y.. Approach to the materials recycle of consumer products. Hitachi Review, 1993, 42 (6): 279-284

[101] 吕雅卿，张大鹏．浅谈二手矿用车辆的选购，中国煤炭，2002，28 (1): 28~30

[102] 徐宏林．二手医疗机械流向何方．当代医学，2003，(12): 33~34

[103] Cork S.. What to watch for when buying secondhand.

British Plastics and Rubber, 2003, (7 - 8): 34

[104] Kumar P.. Price and quality discrimination in durable goods monopoly with resale trading. International Journal of Industrial Organization, 2002, 20 (9): 1313 - 1339

[105] 杨建新，徐成，王如松．产品生命周期评价方法及应用．第一版．北京：气象工业出版社，2002：3 ~ 15

[106] 施浒立，周津慧，徐国华．软件机械．电子机械工程，2002，18 (5)：1 ~ 4

[107] 施浒立，周津慧．软件智能可调平衡重．电子机械工程，2002，18 (6)：1 ~ 3

[108] Cunha P. F., Duarte J. A., Caldeira A. L.. Development of a productive service module based on a life cycle perspective of maintenance issues. CIRP Annals - Manufacturing Technology, 2004, 53 (1): 13 - 16

[109] 陈庄，刘飞．产品可持续性发展策略探讨．计算机集成制造系统 CIMS，1999，5 (5)．22 ~ 25

[110] 林志航．计算机辅助质量系统．第一版．北京：机械工业出版社，1997：137 ~ 158

[111] Moskowitz H., Kim K. J.. QFD Optimizer: A novice friendly quality function deployment decision support system for optimizing product designs. Computers & Industrial Engineering, 1997, 32 (3): 641 - 655

[112] Cristiano J. J., Liker J. K., White III C. C.. Key factors in the successful application of quality function deployment (QFD). IEEE Transactions on Engineering Management, 2001, 48 (1): 81 - 95

[113] Govers C. P. M.. QFD not just a tool but a way of quality management. International Journal of Production Economics, 2001, 69 (2): 151 - 159

[114] Low S. P., Chia C. H.. Responses of architects and engineers to Quality Function Deployment (QFD) in the Singapore construction industry. Architectural Science Review, 2001, 44 (3): 251 - 260

[115] Burke E., Kloeber J. M., Deckro R. F.. Using and abusing QFD scores. Quality Engineering, 2002, 15 (1): 9 - 21

[116] Johnson C. N.. QFD explained. Quality Progress, 2003, 36 (3): 104 - 112

[117] Leppanen M., Mattila M., Kivisto R. J.. Designing the ergonomic properties of pruning shears using quality function deployment (QFD). Quality Engineering, 2000, 13 (2): 647 - 650

[118] 陈以增, 唐加福, 侯荣涛等. 基于质量屋的产品设计过程. 计算机集成制造系统 CIMS, 2002, 8 (10): 757 ~ 761

[119] 陈以增, 唐加福, 侯荣涛等. 基于质量功能展开的产品规划模型. 东北大学学报, 2002, 23 (8): 809 ~ 812

[120] 陈以增, 唐加福, 任朝辉等. 基于质量屋的设计方案选择模型. 计算机集成制造系统 CIMS, 2003, 9 (2): 127 ~ 131

[121] Rahim A. R. A., Mohd S. N.. Application of quality function deployment (QFD) method for pultrusion machine design planning. Industrial Management and Data Systems, 2003, 103 (5 - 6): 373 - 387

[122] Jussel R., Atherton M.. Improve product development using QFD. Quality World, 2000, 26 (6): 32 - 37

[123] 郑联语，唐晓青，汪叔淳等. 基于 QFD 的数控加工工艺质量优化规划方法. 机械工程学报，2001，37 (8): 38 ~ 42

[124] Srividya A., Metri B. A.. Improving reliability of building design using QFD approach. Indian Concrete Journal, 2000, 74 (5): 249 - 253

[125] Rego C., Alidaee B., Kochenberger G.. Managerial issues in complex planning procedures: A case study of QFD. Proceedings of the 10th ISPE International Conference on Concurrent Engineering, 2003: 373 - 377

[126] Zhou Yonghua, Chen Yuliu. The QFD - based decision - making approach for strategic BPR. Proceedings of the IEEE International Conference on Systems, Man and Cybernetics, 2002, 5: 253 - 258

[127] Zhao Yu, Li Xiu, Liu Wenhuang, et al. The application of extend QFD in BPR. Proceedings of the IEEE International Conference on Systems, Man and Cybernetics, 2003, 5: 4742 - 4747.

[128] Halog A., Schultmann F., Rentz O.. Using quality function deployment for technique selection for optimum environmental performance improvement. Source: Journal of Cleaner Production, 2001, 9 (5): 387 - 394

[129] Tang Jiafu, Richard Y. K., XU Baodong, et al. A new approach to quality function deployment planning with financial

consideration. Computers & Operation Research. 2001, 29 (11): 1447 - 1463

[130] 陈以增，唐加福，任立仪等．模糊回归理论在 QFD 系统建模中的应用研究．机械工程学报，2003，39（4）：25 ~29

[131] Karsak E. E., Sozer S., Emre A. S.. Product planning in quality function deployment using a combined analytic network process and goal programming approach. Computers and Industrial Engineering, 2003, 44 (1): 171 - 190

[132] Reich, Y.. Improving the rationale capture capability of QFD. Engineering with Computers, 2000, 16 (3 - 4): 236 - 252

[133] Shin J. S., Kim K. J.. Complexity reduction of a design problem in QFD using decomposition. Journal of Intelligent Manufacturing, 2000, 11 (4): 339 - 354

[134] Huang G. Q., Mak K. L.. Synchronous quality function deployment (QFD) over world wide web. Computers and Industrial Engineering, 2002, 42 (2 - 4): 425 - 431

[135] Zhao Yu, Li Xiu, Liu Wenhuang et al. The framework of agent - based concurrent engineering oriented distributed QFD system. Proceedings of the IEEE International Conference on Systems, Man and Cybernetics, v 4, 2003, p 3484 - 3489

[136] Shin J. S., Kim K. J.. Effect and choice of the weighting scale in QFD. Quality Engineering, v 2000, 12 (3): 347 - 357

[137] Buyukozkan G., Ertay T., Kahraman C.. Determi-

ning the importance weights for the design requirements in the house of quality using the fuzzy analytic network approach. International Journal of Intelligent Systems, 2004, 19 (5): 443 - 461

[138] 孔造杰，郝永敬. 用权重概率系数法确定 QFD 中用户需求重要性. 计算机集成制造系统 CIMS, 2001, 7 (2): 65 ~ 67

[139] 张曾科. 模糊数学在自动化技术中的应用. 第一版. 北京：清华大学出版社，1997：229 ~ 244

[140] 黄洪钟. 模糊设计. 第一版. 北京：机械工业出版社，1999：178 ~ 184

[141] 钟诗胜. 工程方案设计中的模糊理论与技术. 第一版. 哈尔滨：哈尔滨工业大学出版社，2000：78 ~ 97

[142] Djukanovic M., Babic B., Milosevic B. et al. Fuzzy linear programming based optimal fuel scheduling incorporating blending/transloading facilities. IEEE Transactions on Power Systems, 1996, 11 (2): 1017 - 1023

[143] Chiang J. Fuzzy linear programming based on statistical confidence interval and interval - valued fuzzy set. European Journal of Operational Research, 2001, 129 (1): 65 - 86

[144] Inuiguchi M., Tanino T.. Fuzzy linear programming with interactive uncertain parameters. Reliable Computing, 2004, 10 (5): 357 - 367

[145] Vasant P. M.. Application of fuzzy linear programming in production planning. Fuzzy Optimization and Decision Making, 2003, 2 (3): 229 - 241

[146] Kumar V. S. S., Hanna A. S., Natarajan P.. Applica-

tion of fuzzy linear programming in building engineering. Computing in Civil and Building Engineering, 2000, 2: 1347 -1354

[147] 刘志峰，许永华，刘学平．绿色产品评价方法研究．中国机械工程，2000，11（9）：965 ~967

[148] Chen Chialin. Design for the Environment: A Quality -Based Model for Green Product Development. Management Science, 2001, 47 (2): 250 -263.

[149] 刘红旗，陈世兴．产品绿色度的综合评价模型和方法体系．中国机械工程，2000，11（9）：1013 ~1016

[150] 向东，张根保，汪永超等．产品寿命周期工程设计研究．计算机集成制造系统 CIMS，2000，6（2）：46 ~50

[151] 徐泽水．部分权重下多目标决策方法研究．系统工程理论与实践，2002，22（1）：43 ~47

[152] 宋国乡，王世儒，甘小冰．数值分析．西安：西安电子科技大学出版社，2001：106 ~113

[153] 钟时胜，潘启澍，王知行．混合属性实例分类与检索的子空间法．哈尔滨工业大学学报，1998，30（4）：28 ~32

[154] Prasad M. V. N., Lander S. E., Lesser V. R.. On retrieval and reasoning in distributed case bases. Proceedings of the IEEE International Conference on Systems, Man and Cybernetics, 1995, 1: 351 -356

[155] Main J., Dillon T. S., Khosla R.. Use of fuzzy feature vectors and neural networks for case retrieval in case based systems. Annual Conference of the North American Fuzzy Information Processing Society - NAFIPS, New Frontiers in Fuzzy Logic and

Soft Computing, 1996: 438 -443

[156] Shimazu H., Shibata A., Nihei K.. Case - based retrieval interface adapted to customer - initiated dialogues in help desk operations. Proceedings of the National Conference on Artificial Intelligence, v 1, 1994, p 513 -518

[157] Chen Daqing, Phillip B.. Case - Based Reasoning System and Artificial Neural Networks: A Review. Neural Computing & Applications, 2001, 10 (3): 264 -276

[158] 邢建国，谭建荣. 实例检索策略及其在减速器零件中的应用，中国机械工程. 2000, 11 (9): 1064 ~1066

[159] 赵继云，苗运江. 基于动静态视图的实例推理关键技术及其应用研究. 中国机械工程, 2002, 13 (20): 1748 ~1751

[160] 温熙森，胡茑庆，邱静. 模式识别与状态监控. 第一版. 长沙：国防科技大学出版社, 1997: 70 ~93

[161] 钱颂迪，李维铮，甘应爱等. 运筹学. 第二版. 北京：清华大学出版社, 1990: 116 ~135

[162] Zhang W. Y., Tor S. B., Britton G. A.. Indexing and retrieval in case - based process planning for multi - stage non - axisymmetric deep drawing. The International Journal of Advanced Manufacturing Technology, 2005, 28 (1 -2): 12 -22

[163] 王珂，廖文，郭宇等. 基于位索引的多层次实例检索模型研究. 中国机械工程, 2007, 18 (16): 1953 ~1956

[164] 陈翔宇，梁工谦，马世宁. 基于 PMLC 再制造产品的持续质量改进. 中国机械工程, 2007, 18 (2): 170 ~174

[165] 冯之俊. 循环经济导论. 人民出版社, 2004, 11

[166] 徐滨士，刘世参，王海斗．大力发展再制造产业．求是笔谈，2005，12：46～47

[167] 徐滨士．发展再制造工程　促进循环经济建设．理论与实践，中国设备工程，2005，2：4～5

[168] 侯华．发展循环经济是建设资源节约型环境友好型社会的必然选择．工业技术经济，2007，2：30～47

[169] 刘人怀．中国制造业的生存哲学．科技中国，2006，6：27～31

[170] 席俊杰，吴中，马淑平．传统生产到绿色制造及循环经济．中国经济论坛，2005，9：95～99

[171] 石坚，徐得红．循环经济中的电子废弃物再利用研究．北方经贸，2007，2：112～113

[172] 张锦高，杜春丽．论制造业发展循环经济的几种途径．北方经贸，2006，5：71～75

[173] 邓小华，周恭明．我国与发达国家资源再生产业状况比较及分析．北方环境，2004，12：5～8

[174] 李津，李可．中国制造业面临挑战．科技中国，2006，6：20～26

[175] 曹婧婧．产品级再使用价值的可拓评价．山西财经大学硕士学位论文，2007，3

[176] Feng Zhen，Xu Guohua. Fuzzy Optimization Model of Maintenance Design for Product Level Reuse. Chinese Journal of Mechanical Engineering，2004，17（2）

[177] 冯珍，徐国华，王书振．产品级再使用维护设计研究，机械工程学报，2004，40（4）（概念模型）

[178] 冯珍，徐国华．基于质量屋的产品级再使用维护设

计，计算机集成制造系统 CIMS，2004，10（4）（非线性规划模型）

[179] 冯珍，徐国华．产品级再使用满意度分析的 QFD 逆过程法，四川大学学报，2004，36（1）

[180] 冯珍，徐国华，李向军．基于 QFD 的产品级再使用维护设计，中国机械工程，2004，15（4）（线性规划模型）

[181] 冯珍，王树亮，徐国华．产品全生命周期工程数据分析，西安电子科技大学，2003，30（3）

[182] 冯珍，刘怀亮，王里平．基于矩阵范数的产品全生命周期数据分析，西安电子科技大学，2002，29（增刊）

[183] 张昕，徐国华，施浒立．实例类检索的相似余弦二值法，中国机械工程．2004，15（21）

[184] 贾中裕，李晋明，叶民强．经济-管理-数学的结合与发展．第一版．北京，经济管理出版社，2000．179~180

[185] 韩伯棠．管理运筹学．第一版．北京，高等教育出版社，2000.368~370

[186] 李洪兴，汪群，段钦治等．工程模糊数学方法及应用．第一版．天津，天津科学技术出版社，1993．137~144，381~400

[187] 陈国权．制造业先进生产方式与管理模式．第一版．北京，科学技术文献出版社，1998．21~26

[188] 张曙．分散网络化制造．第一版．北京，机械工业出版社，1999．97~102

[189] 马士华，林勇，陈志祥．供应链管理．第一版．北京，机械工业出版社，2000．45~51

[190] 宋华，胡左浩．现代物流与供应链管理．第一版．

北京，经济管理出版社，2000．405～407

［191］刘飞，曹华军．绿色制造的理论体系框架．中国机械工程．2000，11（9）961～964

［192］刘光复，刘学平，刘志峰．绿色设计的体系结构及实施战略．中国机械工程．2000，11（9）．965～967

［193］曾建春，蔡建国．面向产品生命周期的环境、成本和性能多指标评价．中国机械工程．2000，11（9）．975～978

［194］俞雷霖，卢醒庸．基于重构基因的产品再生态链．中国机械工程．2000，11（9）．1024～1026

［195］徐顺利，薛进学，李鸣鸣．面向装配及拆卸的产品设计．2000，11（9）．1020～1021

［196］刘红旗，陈世兴．产品绿色度的综合评价模型和方法体系．中国机械工程．2000，11（9）．1013～1016

［197］刘钢，李方义，汪劲松等．基于局域环境的产品全生命周期评估体系研究．中国机械工程．2000，11（9）．991～993

［198］张华，刘飞，李友如．绿色工艺规划的决策模型及应用案例研究．中国机械工程．2000，11（9）．979～982

［199］向东，段广洪，汪劲松等．公理性设计在绿色工艺选择中的应用．中国机械工程．2000，11（9）．972～974

［200］刘志峰，许永华，刘学平．绿色产品评价方法研究．中国机械工程．2000，11（9）．968～971

［201］王跃进，孟宪颐．绿色产品多级模糊评价方法的研究．中国机械工程．2000，11（9）．1016～1019

［202］刘飞，张华，陈晓惠．绿色制造的决策框架模型及其应用．机械工程学报．1999，35（5）．12～15

［203］刘飞，张华，岳红辉．绿色制造——现代制造业可持续发展模式．中国机械工程．1998，9（6）．76～78

［204］刘飞．21世纪制造业的绿色变革与创新．机械工程学报．2000，36（1）．7～9

［205］陈玉祥．可持续发展与企业．中国机械工程．1998，9（5）．1～3

［206］陈玉祥，陈国权．可持续发展与企业未来．管理科学学报．1999，2（3）．6～13

［207］刘岩，顾培亮．基于产品生命周期的企业可持续发展战略．中国软科学．2000，9（9）．93～95

［208］倪俊芳．废旧产品的回收决策机械科学与技术．2000，19（2）．292～294

［209］姜太平．论企业绿色制度创新模式．中国软科学．1999，4（4）．45～46

［210］王毅，陈劲，许庆端．基于生命周期的生态设计探讨．中国软科学．2000，3（3）．117～119

［211］缚志红，彭玉成．产品的绿色设计方法．机械设计与研究．2000，2（2）．10～12

［212］汪波，杨尊森，刘凌云．基于生命周期的绿色产品开发设计及绿色性评价．中国软科学．2000，11（11）．101～103

［213］薛丽霞，唐忠民，邓家祺．绿色制造．机械设计．2000，10（10）．8～10

［214］孙林岩，顾元勋．清洁生产的管理和组织．管理工程学报．1999，13（增刊）．41～45

［215］王静，宾鸿赞．加工过程的废弃物危害性分析与对

策．机械工程师．2000，8（8）．5～7

［216］陈庄，刘飞．产品可持续发展策略探讨．计算机集成制造系统．1999，5（5）．22～25

［217］王坤兴，田雨华．环境意识设计与制造新概念及其发展新动向．计算机集成制造系统．1998，8（4）．1～7

［218］陈庄，刘飞，陈晓惠．基于绿色制造的产品多生命周期工程．中国机械工程．1999，10（2）．233～238

［219］向东，张根保，汪永超．绿色产品基本概念和评价方法．机械设计．2000，3（3）．7～10

后记

谨以此书献给关怀、教育和帮助过我的人们！

衷心感谢我的导师徐国华教授，我非常荣幸能够成为徐老师的学生。在本书的写作过程中，徐老师一直给予我极大的关爱，对选题的确立、写作和修改都提出了很多建设性的意见。徐老师的悉心指导和耐心帮助对本书的顺利完成起了很大的作用。导师严谨的治学态度、平易近人的崇高品德和认真负责的工作作风，都给我留下了极为深刻的印象，这些将成为我今后人生道路上巨大的精神财富。在这里，我难以用寥寥数语来表达对导师的敬意和感激之情。

感谢西安电子科技大学理学院的宋国乡教授对我的热情指导、关怀和帮助。感谢西安电子科技大学经济管理学院的李华教授对我的大力支持和帮助，他敏捷而独到的思维、一丝不苟的治学态度给我留下了深刻的印象，并让我获得了很多宝贵的经验，使我获益匪浅。感谢中科院国家天文台的施浒立研究员的关怀和支持，施老师改正了本书的一些错误，对本书的最终完成起了举足轻重的作用。最后，还要感谢西安电子科技大学计算机学院王保保教授给我的热情帮助。